# 你问我答图解
# 数控车编程与操作

曹著明　甄雪松◎主编

科学出版社

# 内 容 简 介

本书共分6章,分别是数控车削加工技术概述、数控车削常用附件、工具及刀具、数控车床加工常用指令、数控车床的基本操作、数控车削加工常用工艺和数控车削加工典型案例等。本书通过大量的图片介绍数控车削加工过程中的基本知识和操作技能,使初学者能够快速理解和掌握数控车削加工过程中的主要知识点和操作技能。

本书适合数控车削技术的初学者自学,可作为各类高等学校数控技术、机电一体化和自动化专业的参考资料,也可供有关工程技术人员参考使用。

**图书在版编目(CIP)数据**

你问我答图解数控车编程与操作 / 曹著明,甄雪松主编. — 北京:科学出版社,2017.6

ISBN 978-7-03-053128-5

Ⅰ.①你… Ⅱ.①曹… ②甄… Ⅲ.①数控机床 - 车床 - 程序设计 - 图解 ②数控机床 - 车床 - 操作 - 图解 Ⅳ.①TG519.1-64

中国版本图书馆CIP数据核字(2017)第123357号

责任编辑:张莉莉 杨 凯 / 责任制作:魏 谨
责任印制:肖 兴 / 封面制作:杨安安
北京东方科龙图文有限公司 制作
http://www.okbook.com.cn

**科 学 出 版 社** 出版
北京东黄城根北街16号
邮政编码:100717
http://www.sciencep.com

**文林印务有限公司** 印刷
科学出版社发行 各地新华书店经销

\*

2017年6月第 一 版 开本:720×1000 1/16
2017年6月第一次印刷 印张:11
字数:180 000

定价:39.00元
(如有印装质量问题,我社负责调换)

# 前 言

近年来，随着计算机技术的发展，数字控制技术已经广泛应用于工业控制的各个领域，尤其是机械制造业中，普通机械正逐渐被高效率、高精度、高自动化的数控机械所替代。数控加工作为目前机加工的一种重要手段，已成为衡量一个国家制造业水平的重要标志。

中国自从加入世界贸易组织后，正在逐步变成"世界制造中心"。为了增强竞争力，制造企业已广泛使用先进的数控技术，但掌握数控技术的人才奇缺，高薪难聘数控高级技工成为全社会普遍关注的热点问题。目前，我国数控机床的操作与编程人员短缺数百万，严重地制约了我国制造业的发展。

我国的职业院校担负着为我国制造业现代化培养数控技能人才的重任。近几年来，每年都有大批数控专业学生从学校走向企业，并在相应的岗位上发挥着重要的作用。如今，虽然我国企业数控人才短缺的问题已有所缓解，但不管是从数量还是从质量上，这个问题都还无法从根本上得到解决。为了能改进教学质量，提高学生的数控编程与操作水平，改变教学模式、更新教学理念、强化师资建设、改善教学设施、全方位开展数控专业建设已迫在眉睫。经过不断的实践，我们逐渐领悟到工学结合的教学模式对数控人才培养的重要性，也悟出了项目化与任务驱动的教学理念对数控人才培养的必要性。工学结合的教学模式和项目化与任务驱动的教学理念，也是笔者编写本书的指导思想。

本书共6章，分别是数控车削加工技术概述、数控车床常用附件、工具及刀具、数控车加工常用指令、数控车床的基本操作、数控车削加工常用工艺和数控车削加工典型案例等内容。在每个章节中，均以问题为导向，通过大量的图片介绍数控车削加工过程中的基本知识和操作技能，使初学者能够快速理解和掌握数控车削加工过程中的主要知识点和操作技能。本书既适合作为各类高等学校数控技术、机电一体化和自动化专业的参考资料，也可供有关工程技术人员参考使用。

　　本书第 1 章由山东科技职业学院郭家田编写，第 2 章由北京电子科技职业学院郝继红编写，第 3 章由北京电子科技职业学院贾俊良编写，第 4 ~ 6 章由北京电子科技职业学院曹著明编写。曹著明负责统稿和定稿，北京电子科技职业学院冯志新老师负责主审。北京电子科技职业学院甄雪松老师和北京第一机床厂总工程师刘宇凌等有关专家都给予了许多建设性意见。

　　本书在编写过程中，引用了部分文献材料和插图，在此一并向相关文献作者表示由衷的感谢。

　　由于编者的知识水平和实践经验有限，虽经几次修改，但仍难免有不妥之处，恳请广大读者批评指正。

编　者

2017 年 3 月

# 目　录

## 第 1 章　数控车削加工技术概述

## 第 2 章　数控车床常用附件、工具及刀具

# 第3章　数控车床加工常用指令

# 第4章 数控车床基本操作

# 第5章 数控车削加工常用工艺

# 第 6 章　数控车削加工典型案例

# 第 *1* 章
# 数控车削加工技术概述

## 1.1  什么是数控车床

数控是数字控制（numerical control，NC）的简称，是用数字化信号进行自动控制的技术，一般将用这种技术实现的数控机床称为 NC 机床。随着数控技术的发展，现代数控系统采用微处理器中的系统程序（软件）来实现控制逻辑，实现全部或部分数控功能，成为计算机数控（computer numerical control）系统，简称 CNC 系统，具有 CNC 系统的机床称为 CNC 机床。目前人们提及数控机床一般是指 CNC 机床。

数控车床又称为 NC 车床，即数字控制车床，是目前国内使用量最大、覆盖面最广的一种数控机床，约占数控机床总数的 25%。数控车床一般适合于多品种和中小批量的生产。世界上第一台数控机床是在 1952 年诞生于美国麻省理工学院（MIT），它的诞生是因复杂轮廓的航空零件加工和成型磨具制造的需求而研制的。普通车床是手动操作，且只有主轴电机，上刀用手摇动拖板，如图 1.1（a）所示。数控车床采用封闭防护装置可防止切屑或切削液飞出，并且安装了数控系统，和电脑类似，可以说是特殊的电脑，由数控系统控制一切，包括走刀、转速、进给等，如图 1.1（b）所示。

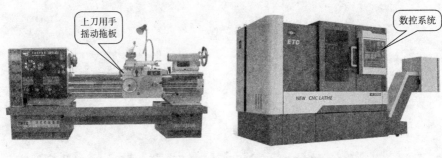

（a）普通车床　　　　　　　　　　　（b）数控车床

**图 1.1　数控车床与普通车床**

## 1.2　数控车床型号的含义是什么

以数控车床 CKA6150 和数控车床 CJK6140A 的型号代码为例，来说明数控车床型号代码的含义，如图 1.2 所示。

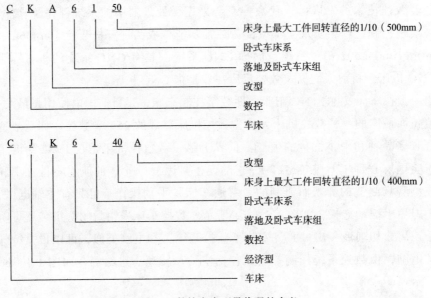

**图 1.2　数控车床型号代码的含义**

## 1.3　什么是数控车削加工

在介绍什么是数控车削加工之前，我们先了解一下车削加工与铣削加工二者的区别，以加深对车削加工的理解。车削加工和铣削加工首先最主要的区别是刀具的不同，可以简单理解为车削加工是指在车床上，工件运动，刀具不动；铣削加工是指在铣床上，刀具运动，工件不动。但是实际上作进给运动的刀具或者工件也是可以运动的，如图1.3所示。

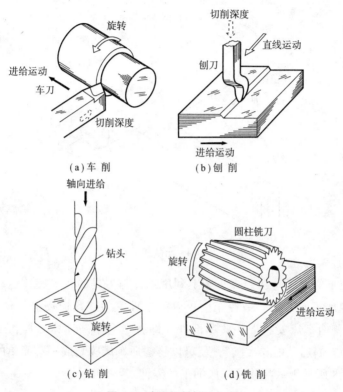

图 1.3    常见切削加工方式

　　车床是指主要用车刀对旋转的工件进行车削加工的机床。一般是车刀固定在机床上的某一位置，工件在夹具的夹持下沿着轴作旋转运动，靠近刀口时被切割，所以主要适用于加工轴、盘、套和其他具有回转表面的工件，是机械制造和修配工厂中使用最广的一类机床。

　　铣床和钻床等旋转加工的机械都是从车床引伸出来的。铣床是指主要用铣刀在工件上加工各种表面的机床。通常铣刀旋转运动为主运动，工件和铣刀的平面移动为进给运动。就是说，工件被固定在机床的某一位置，铣刀在夹具的夹持下作高速旋转运动，接触工件时在其表面进行加工。在铣床上可以加工平面（水平面、垂直面）、沟槽（键槽、T形槽、燕尾槽等）、分齿零件［齿轮、花键轴、链轮、螺旋形表面（螺纹、螺旋槽）］及各种曲面。此外，还可用于对回转体表面、内孔加工及进行切断工作等。由于是多刀断续切削，因而铣床的生产率较高。车削加工就是在车床上，利用工件的旋转运动和刀具的直线运动或曲线运动来改变毛坯的形状和尺寸，把它加工成符合图纸的要求，如图 1.4 所示。

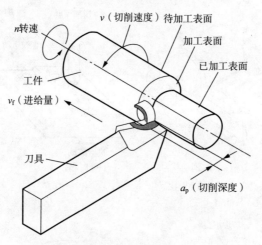

图 1.4    车削加工

数控车削加工是在数控车床上利用工件与刀具的相对旋转运动对工件进行切削加工的方法。数控车削可以简单理解为"数控技术"+"车削技术"，在普通车床安装上一些零部件，即装上会精确计算刀具和工件的位置及控制它们运动的"大脑"，就可以将普通车床改装成一台简单的数控车床。图 1.5 所示为一些数控车床加工的零件。

图 1.5    在数控车床上加工的零件

普通车床受控于操作者，所用工艺规程只是一个工艺过程卡，有时切削用量、走刀路线、工序、工步等由操作者自行选定，而数控车削加工工艺的干预度低，需要考虑更多的工艺因素。因此，对编程者的要求更高，必须熟悉数控车床的性能、特点、运动方式、刀具系统以及工件的装夹方法等。工艺方案的好坏不仅会影响数控车床性能与效率的发挥，更将直接影响零件的加工质量。

## 1.4 数控车床的组成分为哪几大部分

数控车床由输入装置、机床主体、数控系统、伺服系统、检测装置、辅助控制装置六大部分组成，如图 1.6 所示。

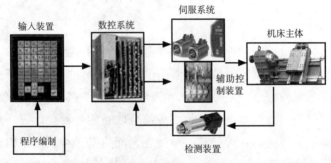

图 1.6 数控车床的组成

### 1. 输入装置

输入装置的主要作用是为了将各种加工信息转化为数控系统能处理的信息，并同时输送给数控系统。早期数控机床的输入装置主要是穿孔纸带，现在已基本被淘汰。目前数控机床的输入装置主要有键盘、磁盘、U 盘和 CF 卡等。

### 2. 机床主体

机床主体是数控机床的机械部件，主要包括主传动系统和进给传动系统等。数控车床由于切削用量大、连续加工发热量大等因素对加工精度有一定影响，加工中又是自动控制，不能像在普通车床那样由工人进行调整、补偿，所以其设计要求比普通机床更严格，制造要求更精密，采用了许多新结构，以加强刚性、减小热变形、提高加工精度，如图 1.7 所示。

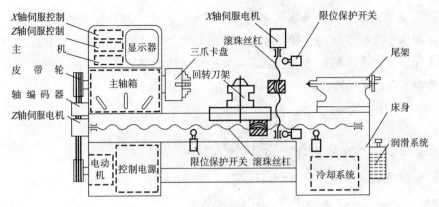

图 1.7 数控车床主体结构

### 3. 数控系统

数控系统是数控车床的控制核心，起指挥作用。数控车床系统操作面板如图 1.8 所示。现代控制系统通常是带有专门软件的专用计算机。数控装置是数控系统的核心，主要包括微处理器 CPU、存储器、局部总线、外围逻辑电路以及与数控系统的其他组成部分联系的各种接口等。数控装置接收加工程序等传送的各种信息，经处理调配后发送给驱动机构，同时将有关信息反馈给数控系统。数控车床系统操作面板如图 1.8 所示。

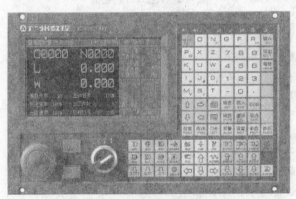

图 1.8 数控车床系统操作面板

### 4. 伺服系统

伺服系统是数控车床的执行机构，由驱动和执行两大部分组成。伺服系统是数控系统和机床主体的联系环节，它将来自数控系统的微弱指令信号放大成控制驱动装置的大功率信号。根据接收指令的不同，伺服系统有数字式和模拟式之分，而模拟式伺服系统按电源种类又可分为直流伺服系统和交流伺服系统。伺服系统根据其控制方式不同可分为开环控制伺服系统、闭环控制伺服系统和半闭环控制伺服系统三种类型（图 1.9）。

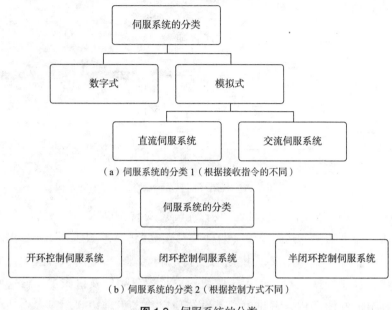

（a）伺服系统的分类 1（根据接收指令的不同）

（b）伺服系统的分类 2（根据控制方式不同）

图 1.9 伺服系统的分类

（1）开环控制。这类数控系统不带检测装置，也无反馈电路，以步进电动机为驱动元件，如图 1.10 所示。NC 装置输出的指令进给脉冲经驱动电路进行功率放大，转换为控制步进电动机各定子绕组依次通电 / 断电的电流脉冲信号，驱动步进电动机转动，再经机床传动机构（齿轮箱、丝杠等）带动工作台移动。这种方式控制简单、价格比较低廉，广泛应用于经济型数控系统中。

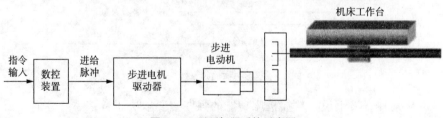

图 1.10 开环伺服系统示意图

（2）半闭环控制。位置检测元件被安装在电动机轴端或丝杠轴端，通过角位移的测量间接计算出机床工作台的实际运行位置（直线位移），并将其与 NC 装置计算出的指令位置（或位移）相比较，用差值进行控制，如图 1.11 所示。由于闭环的环路内不包括丝杠、螺母副以及机床工作台这些大惯性环节，由这些环节造成的误差不能由环路所矫正，其控制精度不如闭环控制数控系统，但其调试方便，可以获得比较稳定的控制特性，因此在实际应用中，这种方式采用广泛。

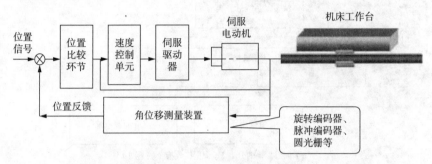

图 1.11　半闭环伺服系统示意图

（3）全闭环控制。位置检测装置光栅尺安装在机床工作台上，用来检测机床工作台的实际运行位置（直线位移），并将其与 NC 装置计算出的指令位置（或位移）相比较，用差值进行控制，如图 1.12 所示。这类控制方式的位置控制精度很高，但由于它将丝杠、螺母副以及机床工作台这些大惯性环节放在闭环内，调试时，其系统稳定状态很难达到。很多高档精密的数控车床都采用了全闭环控制，其加工精度远高于开环控制，但是价格较高而且安装维修复杂。

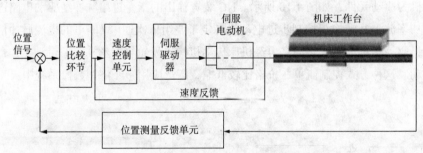

图 1.12　全闭环伺服系统示意图

从某种意义上说，数控机床功能的强弱主要取决于数控系统，而数控机床性能的好坏主要取决于伺服系统。

### 5. 检测装置

检测装置通过位置传感器将伺服电机的角位移或数控车床的执行机构的直线位移转换成电信号，输送给数控装置，使之与指令信号进行比较，并由数控装置发出指令，纠正所产生的误差，使数控车床按加工程序要求的进给位置和速度完成加工，如图 1.13 所示。

旋转变压器结构简单，动作灵敏，对环境无特殊要求，维护方便，输出信号的幅度大，抗干扰性强，工作可靠，是数控机床经常使用的位移检测元件之一，如图 1.14 所示。

图 1.13　刀片传感器　　　　　　图 1.14　旋转变压器

### 6. 辅助装置

辅助装置是指数控车床中为加工服务的配套部分，如液压、冷却、润滑、排屑装置等。

## 1.5　数控车床可分为哪几大类

数控车床的品种繁多，规格不一，下面介绍数控车床一般的分类方法，如图 1.15 所示。

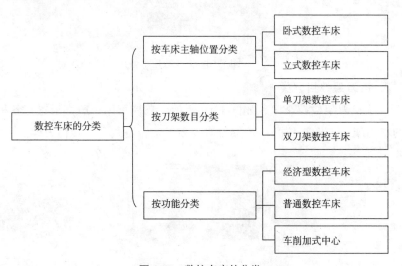

图 1.15　数控车床的分类

### 1. 按车床主轴位置分类

（1）卧式数控车床。卧式数控车床又分为两大类，即数控水平导轨卧式车床（图1.16）和数控倾斜导轨卧式车床（图1.17）。其倾斜导轨结构可以使车床具有更大的刚性，并易于排除切屑。

图 1.16  数控水平导轨卧式车床          图 1.17  数控倾斜导轨卧式车床

（2）立式数控车床，如图1.18所示。立式数控车床简称数控立车，其车床主轴垂直于水平面，一个直径很大的圆形工作台用来装夹工件。这类机床主要用于加工径向尺寸大、轴向尺寸相对较小的大型复杂零件。

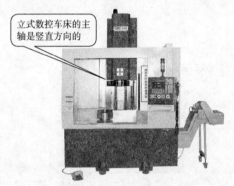

图 1.18  立式数控车床

### 2. 按刀架数目分类

（1）单刀架数控车床，如图1.19所示，数控车床一般都配置有各种形式的单刀架，如四工位卧动转位刀架或多工位转塔式自动转位刀架。

图 1.19  单刀架数控车床

（2）双刀架数控车床，如图 1.20 所示。这类车床的双刀架配置平行分布，也可以是相互垂直分布。

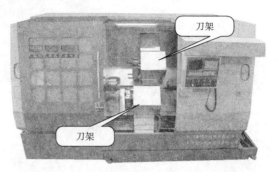

图 1.20 双刀架数控车床

### 3. 按功能分类

（1）经济型数控车床（图 1.21）。采用步进电动机和单片机对普通车床的进给系统进行改造后形成的简易型数控车床，成本较低，但自动化程度和功能都比较差，车削加工精度也不高，适用于要求不高的回转类零件的车削加工。

（2）普通数控车床（图 1.22）。根据车削加工要求在结构上进行专门设计并配备通用数控系统而形成的数控车床，数控系统功能强，自动化程度和加工精度也比较高，适用于一般回转类零件的车削加工。这种数控车床可同时控制两个坐标轴，即 $X$ 轴和 $Z$ 轴。

图 1.21 经济型数控车床　　　　　　图 1.22 普通数控车床

（3）车削加工中心（图 1.23）。在普通数控车床的基础上，增加了 $C$ 轴和动力头，更高级的数控车床带有刀库，可控制 $X$、$Z$ 和 $C$ 三个坐标轴，联动控制轴可以是（$X$，$Z$）、（$X$，$C$）或（$Z$，$C$）。由于增加了 $C$ 轴和铣削动力头，这种数控车床的加工功能大大增强，除可以进行一般车削外，可

以进行径向和轴向铣削、曲面铣削、中心线不在零件回转中心的孔和径向
孔的钻削等加工。

图 1.23    车削加工中心

# 1.6    数控车床的工作过程包含哪些步骤

数控车床的工作过程如图 1.24 所示。

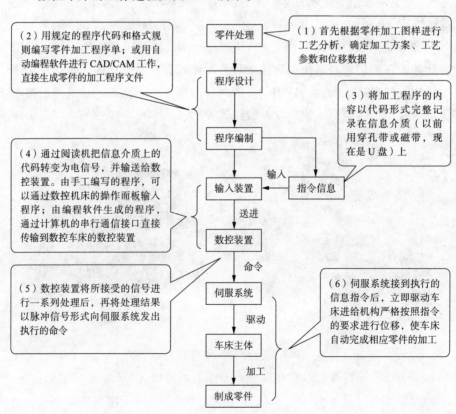

（2）用规定的程序代码和格式规则编写零件加工程序单；或用自动编程软件进行 CAD/CAM 工作，直接生成零件的加工程序文件

（1）首先根据零件加工图样进行工艺分析，确定加工方案、工艺参数和位移数据

（3）将加工程序的内容以代码形式完整记录在信息介质（以前用穿孔带或磁带，现在是 U 盘）上

（4）通过阅读机把信息介质上的代码转变为电信号，并输送给数控装置。由手工编写的程序，可以通过数控机床的操作面板输入程序；由编程软件生成的程序，通过计算机的串行通信接口直接传输到数控车床的数控装置

（5）数控装置将所接受的信号进行一系列处理后，再将处理结果以脉冲信号形式向伺服系统发出执行的命令

（6）伺服系统接到执行的信息指令后，立即驱动车床进给机构严格按照指令的要求进行位移，使车床自动完成相应零件的加工

零件处理

程序设计

程序编制

输入装置    ← 输入 ← 指令信息

送进

数控装置

命令

伺服系统

驱动

车床主体

加工

制成零件

图 1.24    数控车床的工作过程

## 1.7 数控车床的加工工艺一般包括哪些内容

数控车削加工工艺是采用数控车床加工零件时所运用的方法和技术手段的总和。其主要包括以下几方面内容：

（1）选择并确定零件的数控车削加工内容。

（2）对零件图纸进行数控车削加工工艺分析。

（3）选择加工所用数控车床的类型。

（4）工具、夹具的选择和调整设计。

（5）工序、工步的设计。

（6）加工轨迹的计算和优化。

（7）数控车削加工程序的编写、校验与修改。

（8）首件试加工与现场问题的处理。

（9）数控车削加工工艺技术文件的定型与归档。

## 1.8 数控车床与传统车床有什么不同

下面将从数控车床的结构特点、加工特点和应用范围三个方面来说明数控车床与传统车床之间的主要区别。

**1. 数控车床的结构特点**

与传统车床相比，数控车床的结构具有以下特点：

（1）由于数控车床刀架的两个方向运动分别由两台伺服电动机驱动，所以它的传动链短。不必使用挂轮等传动部件，用伺服电动机直接与丝杠联结带动刀架运动。伺服电动机丝杠间也可以用同步皮带副或齿轮副联结。图 1.25 所示为数控车床刀架。图 1.26 所示为数控车床上的伺服电动机。

（2）多功能数控车床是采用直流或交流主轴控制单元来驱动主轴，按控制指令作无级变速，主轴之间不必用多级齿轮副来进行变速。为扩大变速范围，现在一般还要通过一级齿轮副，以实现分段无级调速，即使这样，床头箱内的结构已比传统车床简单得多。数控车床的另一个结构特点是刚度大，这是为了与控制系统的高精度控制相匹配，以便适应高精度的加工。图 1.27 所示为对列双主轴数控车床。

图 1.25　数控车床刀架　　　图 1.26　伺服电动机　　　图 1.27　对列双主轴数控车床

（3）数控车床的第三个结构特点是轻拖动。刀架移动一般采用滚珠丝杠副（图 1.28）。滚珠丝杠副是数控车床的关键机械部件之一，滚珠丝杠两端安装的转动轴承是专用轴承，它的压力角比常用的向心推力球轴承（图 1.29）要大得多。这种专用轴承配对安装，是选配的，最好在轴承出厂时就是成对的。

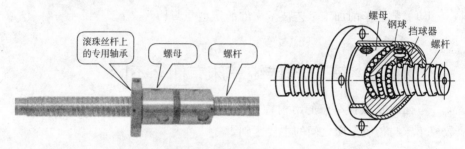

图 1.28　数控车床滚珠丝杠

（4）为了拖动轻便，数控车床的润滑都比较充分，大部分采用油雾自动润滑。

（5）由于数控机床的价格较高、控制系统的寿命较长，所以数控车床的滑动导轨（图 1.30）也要求耐磨性好。

（6）数控车床还具有加工冷却充分、防护较严密等特点，自动运转时一般都处于全封闭或半封闭状态。

（7）数控车床一般还配有自动排屑装置（图 1.31）。

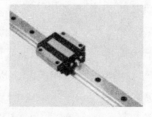

图 1.29　向心推力球轴承　　　图 1.30　数控车床滑动导轨　　　图 1.31　数控车床排屑

#### 2. 数控车床加工的特点

与传统车床加工相比较，数控车床加工具有以下特点：

（1）加工精度高、加工质量稳定。数控车床的加工过程是由计算机根据预先输入的程序进行控制的，只要信息指令正确，就能保证数控车床精度，就能避免因操作者技术水平的差异而引起产品质量的不同。数控车床本身的重复精度较高，在加工同一批零件时，能保证加工的一致性并有稳定的质量。

（2）对加工对象的适应性强。数控机床上改变加工零件时，输入新编制的程序就能实现对新的零件的加工，这就为复杂结构的单件、小批量生产以及试制新产品提供了极大的便利。对那些普通手工操作的普通车床很难加工或无法加工的精密复杂零件，数控车床也能实现自动加工。

（3）自动化程度高、劳动强度低。数控车床对零件的加工是按事先编好的程序自动完成的，操作者除了操作键盘、装卸工件、对关键工序的中间检测以及观察车床运行之外，不需要进行复杂的重复性手工操作，劳动强度与紧张程度均可大幅度减轻，加上数控车床一般有较好的安全防护、自动排屑、自动冷却和自动润滑装置，操作者的劳动条件也大为改善。

（4）生产效率高。零件加工所需的时间主要包括机动时间和辅助时间两部分。数控车床主轴的转速和进给量的变化范围比普通车床大，因此数控车床的每一道工序都可选用最有利的切削用量。由于数控车床的结构刚性好，因此，允许进行大切削量的强力切削，这就提高了切削效率，节省了机动时间。因为数控车床的移动部件的空行程运动速度快，所以工件的装夹时间、辅助时间比普通车床少。更换被加工零件时几乎不需要重新调整机床，节省了零件安装调整时间。数控车床加工质量稳定，一般只做首件检验和工序间关键尺寸的抽样检验，因此节省了停机检验时间。

（5）经济效益良好。在单件、小批量生产的情况下：①使用数控机床加工，可节省划线时间，减少调整、加工和检验时间，节省了直接生产费用；②使用数控机床加工零件一般不需要制作专用夹具，节省了工艺装备费用；③数控加工精度稳定，减少了废品率，使生产成本进一步下降；④数控机床可实现一机多用，节省厂房面积，节省建厂投资。因此，使用数控机床能够获得良好的经济效益。

#### 3. 数控车床的应用特点

与传统车床相比，数控车床的应用有以下特点：

（1）适用于分期进行的轮番生产。

（2）适用于多品种、中小批量的生产。

（3）适用于新工人的培养。应用数控车床进行加工，可以使新工人摆脱技术上的很多束缚，利于人才培养，适应高速发展的需要。

（4）有利于生产和技术管理水平的提高。数控车削加工有赖于各种数字化信息指令。数控车床为提高生产管理水平提供了科学和准确的依据；加工程序的标准化和生产过程自动化，使管理工作特别适合采用计算机的先进管理。

数控车床对操作人员的素质要求较低，但是对维护人员的技术要求较高。其加工路线不易控制，不像普通机床一样直观。而且其维修不便，技术要求较高，工艺不易控制。

## 1.9　数控车床的加工范围是什么

数控车床比较适合车削具有以下要求和特点的回转体零件。

### 1. 精度要求高的零件

数控车床的刚性好、制造和对刀精度高，能方便和精确地进行人工补偿甚至自动补偿，能够加工尺寸精度要求高的零件。数控机床的脉冲当量普遍可达 0.001mm/脉冲。在有些场合可以以车代磨。此外，由于数控车削时刀具运动是通过高精度插补运算和伺服驱动来实现的，再加上机床的刚性好和制造精度高，所以它能加工对母线直线度、圆度、圆柱度要求高的零件，超精加工的轮廓精度可达到 0.1μm。高精度车削加工零件示例如图 1.32 所示。

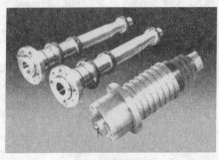
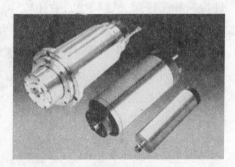

（a）高精度的机床主轴　　　　　　　　　（b）高速电机主轴

图 1.32　高精度车削加工零件

## 2. 表面粗糙度好的回转体零件

高精度的数控车床加工零件的表面粗糙度值可达 0.02μm，不但是因为机床的刚性好和制造精度高，还由于它具有恒线速度切削功能。在材质、精车留量和刀具已定的情况下，表面粗糙度取决于进给速度和切削速度。使用数控车床的恒线速度切削功能，就可选用最佳线速度来切削端面，这样切出的粗糙度既小又一致。数控车床还适合于车削各部位表面粗糙度要求不同的零件。粗糙度小的部位可以用减小进给速度的方法来达到加工要求，而这在传统车床上是做不到的。图 1.33 所示为镜面回转零件。

## 3. 轮廓形状复杂的零件

数控车床具有圆弧插补功能，所以可直接使用圆弧指令来加工圆弧轮廓。数控车床也可加工由任意平面曲线所组成的轮廓回转零件，既能加工可用方程描述的曲线，也能加工曲线列表中的曲线。如果说车削圆柱零件和圆锥零件既可选用传统车床也可选用数控车床，那么车削复杂转体零件就只能使用数控车床。轮廓形状复杂的零件示例如图 1.34 所示。

图 1.33  镜面回转零件　　　　　　　图 1.34  轮廓形状复杂的零件

## 4. 带一些特殊类型螺纹的零件

传统车床所能切削的螺纹相当有限，它只能加工等节距的直螺纹、锥面螺纹、公制螺纹或英制螺纹，而且一台车床只限定加工若干种节距。数控车床不但能加工任何等节距直螺纹、锥面螺纹、公制螺纹、英制螺纹和端面螺纹，而且能加工变节距螺纹，以及要求等节距、变节距之间平滑过渡的螺纹。数控车床加工螺纹时主轴转向不必像传统车床那样交替变换，它可以一刀又一刀不停顿地循环，直至完成，所以它车削螺纹的效率很高。数控车床还配有精密螺纹切削功能，再加上一般采用硬质合金成形刀片，以及可以使用较高的转速，所以车削出来的螺纹精度高、表面粗糙度小。

可以说，包括丝杠在内的螺纹零件很适合于在数控车床上加工。特殊类型螺纹零件示例如图 1.35 所示。

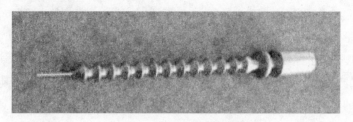

图 1.35    特殊类型螺纹零件

### 5. 超精密、超低表面粗糙度的零件

磁盘、录像机磁头、激光打印机的多面反射体、复印机的回转鼓、照相机等光学设备的透镜及其模具，以及隐形眼镜等要求超高的轮廓精度和超低的表面粗糙度值，它们适合于在高精度、高功能的数控车床上加工。以往很难加工的塑料散光用的透镜，现在也可以用数控车床来加工。超精加工的轮廓精度可达到 0.1μm，表面粗糙度值可达 0.02μm。超精车削零件的材质以前主要是金属，现已扩大到塑料和陶瓷。

### 6. 淬硬工件的加工

在大型模具加工中，有不少尺寸大且形状复杂的零件。这些零件热处理后的变形量较大，磨削加工有困难，因此，可以用陶瓷车刀在数控车床上对淬硬后的零件进行车削加工，以车代磨，提高加工效率。

## 1.10    数控车削加工技术发展有哪些趋势

从目前世界上数控技术及其装备发展的趋势来看，其主要发展趋势体现在以下几个方面。

### 1. 向高速、高精度的方向发展

效率、质量是先进制造技术的主体。高速、高精加工技术可极大地提高效率，提高产品的质量，缩短生产周期和提高市场竞争能力。高速是保证效率的重要因素。为提高数控机床的加工精度，数控系统在控制精度方面采取很多措施，例如：提高系统最小分辨率、缩短采样插补周期、伺服系统采用全数字交流伺服、采用各种先进的控制算法，提高伺服系统的跟踪精度，甚至实现零误差跟踪。

### 2. 向控制智能化的方向发展

智能化是为了提高生产的自动化程度。智能化不仅贯穿在生产加工的全过程，还贯穿在产品的售后服务和维修中。即不仅在控制机床加工时数控系统是智能的，就是在系统出了故障，诊断、维修时也都是智能的，对操作维修人员的要求降至最低。目前，在数控技术领域，实时智能控制的研究和应用正沿着几个主要分支发展：自适应控制、模糊控制、神经网络控制、专家控制、学习控制、前馈控制等。智能数控系统的人机界面非常友好，智能化的伺服系统能自动识别负载并自动优化调整参数，故障诊断专家系统使自诊断和故障监控功能更趋完善。

### 3. 更加重视环境保护

随着人们环境保护意识的增强，人们对环境保护的要求越来越高。不仅要求在机床制造过程中不产生对环境的污染，也要求在机床的使用过程中不产生二次污染。在这种形势下，装备制造领域对机床提出了无冷却液、无润滑液、无气味的环保要求，机床的排屑、除尘等装置也发生了深刻的变化。

### 4. 五轴联动加工和复合快速加工

五轴联动数控机床是为适应多面体和曲面零件加工而出现的。五轴联动数控是当前数控技术中难度最大、应用范围最广的技术。它集计算机控制、高性能伺服驱动和精密加工技术于一体，应用于复杂曲面的高效、精密、自动化加工。为了尽可能降低加工的无用时间，可将不同的多功能整合在同一台机床上，因此复合快速的机床成为近年来发展很快的机种。

### 5. 建立新技术规范、标准

数控标准是制造业信息化发展的一种趋势。传统的数控编程一直沿用 ISO 6983 标准的 GM 代码，本质是描述加工过程，在一定程度上限制数控系统开放性和智能化发展。为此，国际上正在研究和制定一种面向对象的数控编程标准作为新的 CNC 系统标准即 STEP-NC（STEP-compliant data interface for numerical control）标准（ISO 14649），以便提供一种不依赖于具体系统的中性机制，描述产品整个生命周期内的统一数据模型，从而实现整个制造过程和各个工业领域产品信息标准，取代在数控机床中广泛使用的 ISO 6983 标准。STEP-NC 的出现可能是数控技术领域的一次革命，对于数控技术的发展乃至整个制造业，将产生深远的影响。该标准的推出，将使 CAD/CAM/CNC 之间实现真正的无缝连接，使网络化设计制造成为现实，将真正意义上的开放式数控系统得以实现。

### 6. 向体系开放化的方向发展

长期以来，数控系统都是在专有设计的基础上完成的，是一种封闭式的系统。这种封闭体系结构已经不能适应现代化生产的变革，不适应未来车间柔性化的生产模式。开放式数控系统就是数控系统的开发可以在统一的运行平台上，面向机床厂家和最终用户，通过改变、增加或剪裁结构对象（数控功能），形成系列化，并可方便地将用户的特殊应用和技术诀窍集成到控制系统中，快速实现不同品种、不同档次的开放式数控系统，形成具有鲜明个性的名牌产品。数控系统在出厂时并没有完全决定其使用场合和控制加工的对象，更没有决定要加工的工艺，而是由用户根据自己的需要对软件进行再开发，以满足用户的特殊需要。

### 7. 向交互网络化的方向发展

实行网络管理，不仅便于远距离操作和监控，也便于远程诊断故障和进行调整，不仅有利于数控系统生产厂对其产品的监控和维修，也适用于大规模现代化生产的无人化车间，还适用于在操作人员不宜到的现场环境（如超精密加工环境或对人体有害的环境）中工作。机床联网可进行远程控制和无人化操作。通过机床联网，可在任何一台机床上对其他机床进行编程、设定、操作、运行，不同机床的画面可同时显示在每一台机床的屏幕上。

### 8. 向软数控技术方向发展

SOFT型开放式数控技术是一种最新开放体系结构的数控技术。它提供给用户最大的选择和灵活性，它的CNC软件全部装在计算机中，而硬件部分仅是计算机与伺服驱动和外部I/O之间的标准化通用接口。就像计算机中可以安装各种品牌的声卡和相应的驱动程序一样。用户可以在Windows NT平台上，利用开放的CNC内核，开发所需的各种功能，构成各种类型的高性能数控技术，与前几种数控技术相比，SOFT型开放式数控技术具有最高的性能价格比，因而最有生命力。通过软件智能替代复杂的硬件，正在成为当代数控技术发展的重要趋势。

### 9. 向高可靠性方向发展

随着数控机床网络化应用的日趋广泛，数控技术的高可靠性已经成为数控技术制造商追求的目标。而且数控系统比较贵重，为了满足长时间无人操作的需要，更要求数控系统和数控装置必须有较高的可靠性。

# 第2章

# 数控车床常用附件、工具及刀具

## 2.1 数控车床的常用附件有哪些

依据国家标准 GB/T 6477—2008，机床附件是指用于扩大机床的加工性能和使用范围的附属装置。如图 2.1 所示，数控车床的常用附件有三爪自定心卡盘、四爪单动卡盘、顶尖、中心架、跟刀架等。

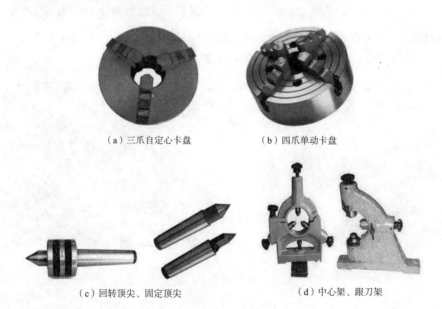

（a）三爪自定心卡盘   （b）四爪单动卡盘

（c）回转顶尖、固定顶尖   （d）中心架、跟刀架

图 2.1 数控车床的附件

## 2.2　数控车床附件的作用是什么

（1）可扩大机床的工作范围。由于工件的种类很多，而机床的种类和台数有限，采用不同附件可实现一机多能，提高机床的利用率。

（2）可使工件质量稳定。采用附件后，工件各个表面的相互位置由附件保证，比划线找正所达到的加工精度高，而且能使同一批工件的定位精度、加工精度基本一致，因此，工件互换性高。

（3）提高生产率、降低成本。采用附件一般可以简化工件的安装工作，从而可减少安装工件所需的辅助时间。同时，可使工件安装稳定，提高工件加工时的刚度，可加大切削用量、减少机动时间、提高生产率。

（4）改善劳动条件，同时降低了对操作者技术水平的要求。

## 2.3　三爪自定心卡盘的结构和使用方法是什么

三爪自定心卡盘的外形结构如图 2.2 所示，是利用均布在卡盘体上的三个活动卡爪的径向移动，把工件夹紧和定位的机床附件。由卡盘体、活动卡爪和卡爪驱动机构组成。三个反爪用来安装直径较大的工件。三爪自定心卡盘的自行对中精确度为 0.05～0.15mm。用三爪自定心卡盘加工工件的精度受到卡盘制造精度和使用后磨损情况的影响。在三爪自定心卡盘上夹紧工件时使用的三爪卡盘扳手如图 2.3 所示。

（a）正卡爪　　　　　　　　　（b）反卡爪

图 2.2　三爪自定心卡盘

三爪自定心卡盘的优点：自定心卡盘的三个卡爪是同步运动的，能自动定心，工件装夹后一般不需要找正。三爪自定心卡盘的缺点：卡盘使用久了，随着卡盘的磨损三爪会出现喇叭口状，三爪也会慢慢偏离车床主轴中心，使所加工零件的形位公差增大。

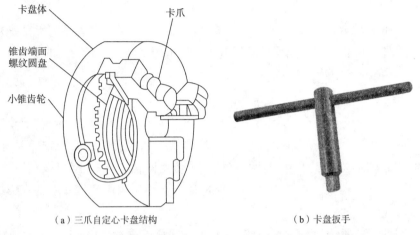

卡盘体　　　　卡爪

锥齿端面
螺纹圆盘

小锥齿轮

（a）三爪自定心卡盘结构　　　　　　（b）卡盘扳手

**图2.3　三爪自定心卡盘结构及卡盘扳手**

## 2.4　四爪单动卡盘的结构和使用方法是什么

　　四爪单动卡盘是车床上最常见的附件，它由一个盘体、四个丝杆和一副卡爪组成，如图2.4所示。工作时是用四个丝杠分别带动四爪，因此常见的四爪单动卡盘没有自动定心的作用。但可以通过调整四爪位置，装夹各种矩形的、不规则的工件，每个卡爪都可单独运动。四爪单动卡盘适用于装夹形状不规则或大型的工件，夹紧力较大，装夹精度较高，不受卡爪磨损的影响，但装夹不如三爪自定心卡盘方便。

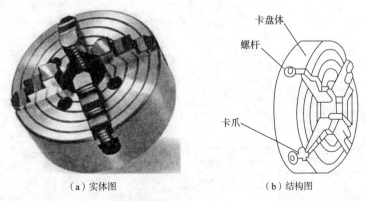

卡盘体

螺杆

卡爪

（a）实体图　　　　　　　　（b）结构图

**图2.4　四爪单动卡盘**

四爪单动卡盘装夹的缺点：因装夹后不能自动定心，故装夹效率较低，装夹时必须用划线盘或百分表找正，使工件回转中心与车床主轴中心对齐。

四爪单动卡盘装夹的优点：夹紧力较大，适用于装夹大型或形状不规则的工件。可装成正爪或反爪两种形式，反爪用来装夹直径较大的工件。

## 2.5　心轴的结构和使用方法是什么

当以内孔为定位基准，并能保证外圆轴线和内孔轴线的同轴度要求，此时用心轴定位，工件以圆柱孔定位，常使用圆柱心轴和小锥度心轴；对于带有锥孔、螺纹孔、花键孔的工件定位，常使用相应的锥体心轴、螺纹心轴和花键心轴。

圆柱心轴的结构如图 2.5 所示，是以外圆柱面定心、端面压紧来装夹工件的。心轴与工件孔一般用 H7/h6、H7/g6 的间隙配合，所以工件能很方便地套在心轴上。但由于配合间隙较大，一般只能保证同轴度 0.02 mm 左右。为了消除间隙，提高心轴定位精度，心轴可以制作成锥体，但锥体的锥度很小，否则工件在心轴上会产生歪斜。常用的锥度 $C$ 为 1/1000 ~ 1/5000。定位时，工件楔紧在心轴上，楔紧后，孔会产生弹性变形，从而使工件不致倾斜。不同类型的工件加工要利用不同类型的心轴，图 2.6 为顶尖式心轴示意图。

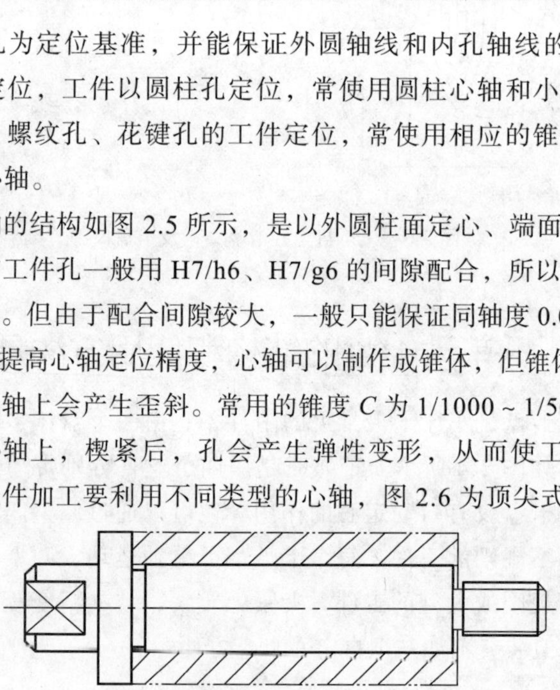

图 2.5　圆柱心轴

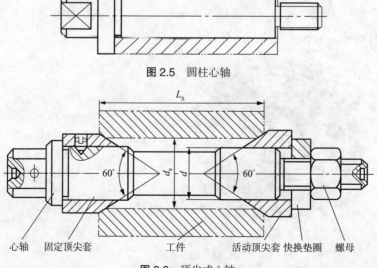

心轴　固定顶尖套　　　工件　　活动顶尖套 快换垫圈　螺母

图 2.6　顶尖式心轴

当工件直径不太大时，可采用锥度心轴（锥度 1∶1000～1∶2000）。工件套入压紧、靠摩擦力与心轴固紧。锥度心轴对中准确、加工精度高、装卸方便，但不能承受过大的力矩，如图 2.7 所示。当工件直径较大时，则应采用带有压紧螺母的圆柱形心轴。它的夹紧力较大，但对中精度较锥度心轴的低。

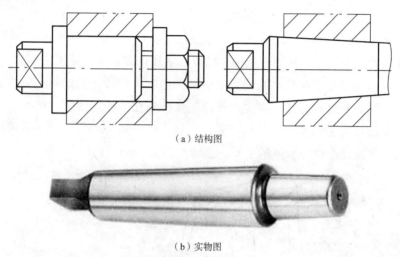

（a）结构图

（b）实物图

图 2.7　锥度心轴

## 2.6　数控车床上的常用顶尖都有哪些，它们的作用和使用方法分别是什么

顶尖分为前顶尖和后顶尖两类。顶尖的作用是定中心，承受工件的质量和切削力。

### 1. 前顶尖

前顶尖随同工件一起旋转，与中心无相对运动。前顶尖的类型有两种，一种是插入主轴锥孔内的前顶尖，另一种是夹在卡盘上的前顶尖。

卡盘上前顶尖的优点是：制造安装方便，定心准确。缺点是：顶尖硬度不高，容易磨损，车削过程中容易抖动。适用于小批量生产。

### 2. 后顶尖

插入尾座套筒锥孔中的顶尖称为后顶尖，后顶尖有固定顶尖和回转顶尖两种。

1）固定顶尖、硬质合金固定顶尖

优点：刚性好、定心准确，切削时不易产生震动。

缺点：工件与中心孔之间有相对滑动、易磨损，产生高温的热量，不能高速车削。适用于低速加工精度要求较高的工件。

2）回转顶尖

优点：能在很高的转速下正常工作。

缺点：回转顶尖存在一定的装配累积误差，以及当滚动轴承磨损后，会使顶尖产生跳动，从而降低加工精度。适用于高速车削精度不高的工件。

对同轴度要求比较高且需要调头加工的轴类工件，常用双顶尖装夹工件。如图 2.8 所示，其前顶尖为普通顶尖，装在主轴孔内，并随主轴一起转动，后顶尖为活顶尖装在尾架套筒内。工件利用中心孔被顶在前后顶尖之间，并通过拨盘和卡箍随主轴一起转动。

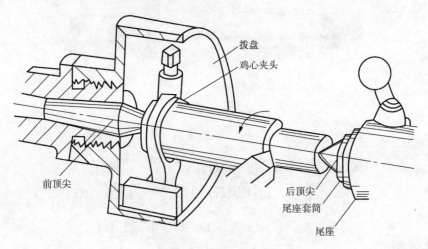

图 2.8　用顶尖安装工件

用顶尖安装工件时应注意以下事项：

（1）卡箍上的支撑螺钉不能支撑得太紧，以防工件变形。

（2）由于靠卡箍传递扭矩，所以车削工件的切削用量要小。

（3）钻两端中心孔时，要先用车刀把端面车平，再用中心钻钻中心孔。

安装拨盘和工件时，首先要擦净拨盘的内螺纹和主轴端的外螺纹，把拨盘拧在主轴上，再把轴的一端装在卡箍上，最后在双顶尖中间安装工件。

优点：两顶尖装夹工件方便，不需要找正，装夹精度高。

缺点：用两顶尖装夹工件，必须先在工件端面钻出中心孔，夹紧力较小。

适用于形位公差要求较高的工件和大批量生产的工件。

## 2.7 中心架的使用方法是什么

中心架是在加工中径向支撑旋转工件的辅助装置。加工时，与工件无相对轴向移动，如图 2.9 所示。

图 2.9 中心架的使用

## 2.8 跟刀架的使用方法是什么

使用跟刀架时，一般固定在车床的床鞍上，车削时跟随在车刀后面移动，承受作用在工件上的切削力，一般多用于无台阶的细长光轴加工，如图 2.10 所示。

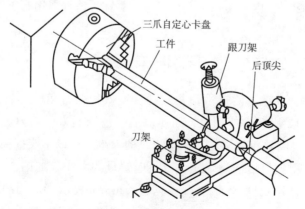

图 2.10 跟刀架的使用

## 2.9    花盘使用的一般场合是什么

花盘主要用来装夹使用其他方法不便装夹且形状不规则的工件，如图 2.11 所示。

花盘

图 2.11    花盘的使用

## 2.10    数控车床的常用工具有哪些

数控车床的常用工具有装夹刀具、工件的扳手、中心钻、麻花钻、莫氏钻套、钻夹头、夹头连接杆、活顶尖、管子钳、偏心垫块、铜皮、铜棒、活络扳手、起子、内六角扳手、垫刀块、手锤、清铁屑用钩子等。

## 2.11    如何使用活络扳手

活络扳手又称为活扳手，是一种旋紧或拧松有角螺丝钉或螺母的工具，如图 2.12 所示。使用时，手越靠后，扳动起来越省力。扳动小螺母时，因需要不断地转动蜗轮，调节扳口的大小，所以手应握在靠近呆扳唇的地方，并用大拇指调制蜗轮，以适应螺母的大小，如图 2.13 所示，活络扳手的规格用长度 × 最大开口宽度（mm）表示，常用的活络扳手有 150×19（6in，1 in=25.4 mm）、200×24（8 in）、250×30（10 in）和

$300 \times 36$（12 in）四种。

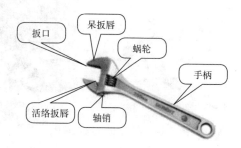

**图2.12　活络扳手**

（a）用活络扳手扳动较大螺母

（b）用活络扳手扳动较小螺母

**图2.13　活络扳手的使用方法**

在拧不动时，切不可采用钢管套在活络扳手的手柄上来增加扭力，因为这样极易损伤活络扳唇。不能把活络扳手当锤子用。

## 2.12　如何使用内六角扳手

内六角扳手也叫艾伦扳手。如图2.14所示，它通过扭矩施加对螺丝的作用力，大大降低了使用者的用力强度。用于装拆内六角螺钉。常用于某些机电产品的拆装。

使用时，将六棱的扳手，放在螺丝的内六角槽内。顺时针紧固螺丝。逆时针松动螺丝。

（a）不同形式的内六角螺钉

（b）内六角扳手　　　　　　　　（c）内六角扳手的使用

图2.14　内六角扳手及使用

## 2.13　数控车床的常用量具有哪些

数控车床的常用量具有游标卡尺、螺旋测微器和内径百分表三种。

## 2.14　如何使用游标卡尺

### 1. 游标卡尺的结构

游标卡尺的结构如图2.15所示，是一种测量长度、内外径、深度的量具。游标卡尺由主尺和附在主尺上能滑动的游标两部分构成，如图2.16所示。主尺一般以毫米为单位，而游标上则有10、20或50个分格，根据分格的不同，游标卡尺可分为10分度游标卡尺、20分度游标卡尺、50分度游标卡尺等。10分度的游标尺总长为9mm，20分度的为19mm，50分度的为49mm。游标卡尺的主尺和游标上有两副活动量爪，分别是内测量爪和外测量爪，内测量爪通常用来测量内径，外测量爪通常用来测量长度和外径。其具有结构简单、使用方便、精度中等和测量的尺寸范围大等特点，应用范围很广。

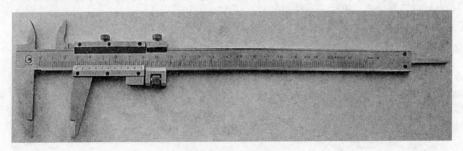

图2.15　游标卡尺

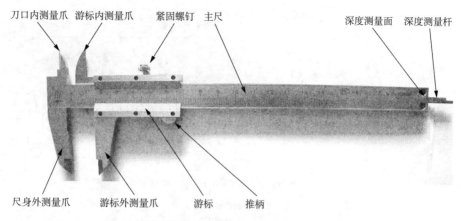

刀口内测量爪　游标内测量爪　　紧固螺钉　主尺　　　　　　　　深度测量面 深度测量杆

尺身外测量爪　　游标外测量爪　　游标　　推柄

图 2.16　游标卡尺的结构

### 2. 游标卡尺使用前的注意事项

在游标卡尺使用前，应注意如下事项：

（1）清洁量爪的测量面。

（2）检查各部件的相互作用，例如微动装置是否移动灵活，紧固螺钉能否起作用。

（3）校对零位。使游标卡尺的两个量爪紧密贴合，应无明显的光隙，主尺零线与游标尺零线应对齐。

（4）测量结束时，要把游标卡尺平放，尤其是大尺寸的游标卡尺更应该注意，否则尺身会弯曲变形。

（5）使用完带深度尺的游标卡尺后，要把测量爪合拢，否则较细的深度尺露在外边，容易变形甚至折断。

（6）游标卡尺使用完毕后，要擦净上油，放到卡尺盒内，注意不要锈蚀或弄脏。

（7）如发现卡尺存在不准或异常的情况，应停止使用，及时上报。已经测试过的产品必须重新测量。

### 3. 游标卡尺的读数原理

游标卡尺是利用主尺刻度间距与副尺刻度间距读数的。以图 2.17 所示的 0.02mm 游标卡尺为例进行说明。主尺的刻度按标准值以 mm 为单位，每 10 格分别标以 1，2，3……表示 10mm，20mm，30mm……在游标尺上的刻度是把主尺上的 49mm 长度分为 50 等份，每份 0.98mm。这样，主尺的标尺分度与游标尺的分度差为 0.02mm（1mm-0.98mm=0.02mm）。

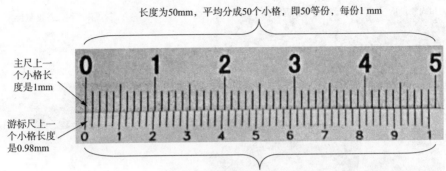

主尺上一个小格长度是1mm

游标尺上一个小格长度是0.98mm

长度为50mm，平均分成50个小格，即50等份，每份1 mm

长度为49mm，平均分成50个小格，即50等份，每份0.98mm

图 2.17    游标卡尺的读数

#### 4. 游标卡尺的读数步骤

游标卡尺读数分为三个步骤（图 2.18）：

（1）在主尺上读出副尺零线以左的刻度，该值就是最后读数的整数部分。

（2）副尺上一定有一条刻线与主尺的一条刻线对齐，在副尺上读出该刻线距副尺零线的格数，将其与刻度间距（0.02mm）相乘，就得到最后读数的小数部分。

（3）将所得到的整数部分和小数部分相加，就得到总尺寸。

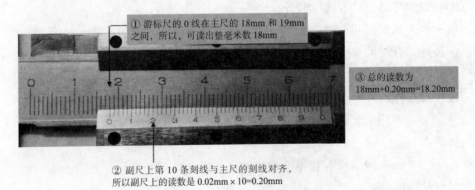

① 游标尺的 0 线在主尺的 18mm 和 19mm 之间，所以，可读出整毫米数 18mm

③ 总的读数为 18mm+0.20mm=18.20mm

② 副尺上第 10 条刻线与主尺的刻线对齐，所以副尺上的读数是 0.02mm×10=0.20mm

图 2.18    游标卡尺的读数步骤

## 2.15    如何使用千分尺

### 1. 千分尺的结构

千分尺又称为螺旋测微器、螺旋测微仪、分厘卡，是比游标卡尺更精密的用来测量长度的工具，用它测量长度可以准确到 0.01mm，如图 2.19 所示。千分尺按用途可分为外径千分尺、内径千分尺、深度千分尺、杠杆千分尺等系列。外径千分尺的测量范围：0～25mm、25～50mm、50～75mm、75～100mm，其结构如图 2.20 所示。

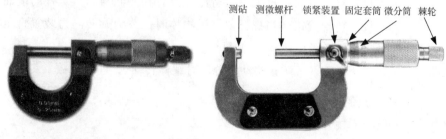

测砧　测微螺杆　锁紧装置　固定套筒　微分筒　棘轮

图 2.19　千分尺　　　　　　　图 2.20　千分尺的结构

千分尺的刻度分为两部分：

（1）固定套管上的水平线上、下各有一列间距为 1mm 的刻度线，上侧刻度线在下侧两相邻刻度线中间。

（2）微分筒上的刻度线是将圆周分为 50 等份的水平线，它是作旋转运动的。

根据螺旋运动原理，当微分筒旋转一周时，测微螺杆前进或后退一个螺距，即 0.5mm。当微分筒旋转一个分度后，它转过了 1/50 周，这时螺杆沿轴线移动了 1/50×0.5mm=0.01mm，因此，使用千分尺可以准确读出 0.01mm 的数值。

### 2. 外径千分尺的测量方法

外径千分尺的测量方法（图 2.21）如下。

图 2.21　千分尺的测量方法

（1）将被测物的测量表面擦干净。

（2）使用时千分尺要轻拿轻放。

（3）松开千分尺锁紧装置，校准零位，转动旋钮，使测砧与测微螺杆之间的距离略大于被测物体。

（4）一只手拿千分尺的尺架，将待测物放置在测砧与测微螺杆的端面之间，另一只手转动旋钮，当螺杆要接近物体时，改为旋转测力装置直至听到喀喀声后，再轻轻转动 0.5 ~ 1 圈。

（5）旋紧锁紧装置（防止移动千分尺时螺杆转动），即可读数。

### 3. 千分尺的读数方法

千分尺的读数方法如下。

（1）先以微分筒的端面为准线，读出固定套管下刻度线的分度值。

（2）再以固定套管上的水平横线作为读数准线，读出可动刻度上的分度值，读数时应估读到最小刻度的十分之一，即 0.001mm。

（3）如微分筒的端面与固定刻度的下刻度线之间无上刻度线，测量结果即为下刻度线的数值加可动刻度的值。

（4）如微分筒端面与下刻度线之间有一条上刻度线，测量结果应为下刻度线的数值加上 0.5mm，再加上可动刻度的值。如图 2.22 所示，给出了读数的两种情况。

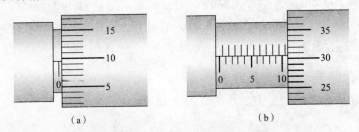

图 2.22　千分尺读数方法

图 2.22（a）的读数是 0.096mm，图 2.22（b）的读数是 10.806mm。估读的误差是被允许的。

## 2.16　如何使用内径百分表

内径百分表是内量杠杆式测量架和百分表的组合，如图 2.23 所示。用来测量或检验零件的内孔、深孔直径及其形状精度。

国产内径百分表的读数值为 0.01mm，测量范围有 10～18 mm、18～35 mm、35～50 mm、50～100 mm、100～160 mm、160～250 mm和 250～450 mm。

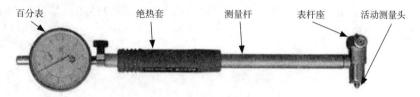

图 2.23　内径百分表

在测量之前，应通过以下几个步骤对内径百分表进行检查。

1）检查外观

检查表蒙是否透明，不允许有破裂和脱落现象，后封盖要密封严密，测量杆、测量头等活动部位不得有锈迹，表圈转动应平稳，静止要可靠。

2）检查指针灵敏度

推动测量杆，测量杆的上下移动应平稳、灵活，无卡住现象，指针与表盘不得有摩擦现象。

3）检查稳定性

推动测量杆 2～3 次，观察指针是否回到原位，其允许误差不大于 ±0.003mm。

下面我们讲解内径百分表的使用方法。

（1）如图 2.24 所示，用内径百分表测量孔径是一种相对的测量方法。测量前应根据被测孔径的尺寸大小，在千分尺或环规上调整好尺寸后才能进行测量。所以在内径百分表上的数值是被测孔径尺寸与标准孔径尺寸之差。

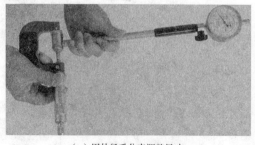
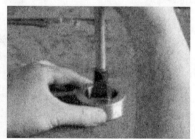

（a）用外径千分表调整尺寸　　　　　　　（b）用环规调整尺寸

图 2.24　内径千分表的调整

（2）如图 2.25 所示，首先根据被测孔径的公称尺寸，选择内径百分表的测量范围；把百分表的装夹套筒擦干净，小心地装进表架的弹性卡头中，并使表的指针转过半圈左右（0.5mm），俗称"压表"，用锁紧螺母紧固弹性卡头，将百分表锁住。注意，拧紧锁紧螺母时，用力适中，以防止将百分表的套筒卡变形。

图 2.25　压表与固定

（3）如图 2.26 所示，根据被测孔径的公称尺寸，选取一个相应尺寸的可换测量头，并装到表杆上，其伸出的长度可以调节，用卡尺调整到两测量头（活动测量头）之间的长度尺寸比被测孔径的公称尺寸大 0.5mm 左右，并紧固可换测量头。

选择可换测量头　　　　用卡尺调整两测量头的长度尺寸　　　　紧固可换测量头

图 2.26　选取可换测量头、调整长度尺寸、紧固

（4）如图 2.27 所示，根据被测量尺寸，选取校对环规（也可以用外径千分尺）校对百分表的"0"位。校对"0"位时，分别将测量头、定位护桥和环规的工作面擦干净后，用手按动几次活动测量头，检查百分表的灵敏度和示值的变动量。符合要求时即可进行校对"0"位操作。用左手握住表杆的手柄部位，右手按下定位护桥，把活动测量头压下，放入环规内。活动测量头放入环规后，前后摆动手并将固定测量头压入校对环规内，并摆动几次找出指针的拐点（即百分表指针旋转方向变化的那一点），转动百

分表刻度盘，使"0"线与指针的"拐点"处重合。然后再摆动几次表杆，以确定"0"位是否已校对准确。

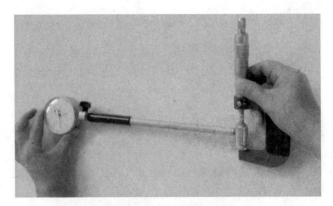

图 2.27 "0"位的校对

（5）如图 2.28 所示，测量时，操作内径百分表的方法与校对其"0"位的方法相同，把测量头放入被测孔内后（注：用左手指将活动测量头压下，放入被测孔内），轻轻前后摆动几次，观察指针的拐点位置。如果指针恰好在"0"位处拐回，则说明被测孔径与校对环规的孔径相等，当指针顺时针（俗称：升表）方向转动超过"0"位时，则说明被测孔径小于校对环规的孔径。当指针逆时针（俗称：降表）方向转动未到"0"位，则说明被测孔径大于校对环规的孔径。

测量时，用环规校对的"0"位刻线是读数的基准。指针的拐点位置，不是在"0"位的左边，就是在"0"位的右边，读数时要认真仔细，不要把正、负值搞错。

一般测量可分为如下几类。

（1）孔的圆度测量。如果要测量孔的圆度，应在孔的同一径向截面内的几个不同方向上测量。

（2）孔的圆柱度测量。如果要测量孔的圆柱度，应在孔的几个径向截面内（上、中、下）测量。

（3）误差值。所测量的最大读数

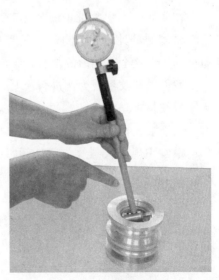

图 2.28 将活动测量头压下进行测量

值与最小读数值之差的一半，即为圆度及圆柱度误差。

如图 2.29 所示，这是一个内径百分表读数实例。指针逆时针方向转动未到"0"位，则说明被测孔径大于校对环规的孔径。

图 2.29　读数实例

## 2.17　如何使用螺纹量规

在实际生产中大批量的产品若采取用计量量具（如游标卡尺、千分表等有刻度的量具）逐个测量，很费时。我们知道合格的产品是有一个度量范围的，在这个范围内的都合格，所以人们便采用量规来测量。

我们以螺纹量规为例进行说明，如图 2.30 所示。

螺纹量规是精密的螺纹检测量规，使用时分通规和止规两种，是检测螺纹的极限大径值和极限小径值的。只要通规过，止规不过就是合格的。

螺纹止规进入螺纹内不能超过 2.5 圈，一般的要求是实际不得超过 2 圈，并且使用的力度不能大。我们的经验是用拇指和食指轻轻夹持螺纹规以刚好能转动螺纹规的力度为准。

螺纹环规如图 2.31 所示。使用螺纹环规时，应五指持握，且均匀分布在螺纹环规上，掌心悬空，以五指力旋转螺纹环规。通规能自由通过螺纹，止规能旋入不超过 2.5 圈的有效牙纹（即一般的止规外面有一道凹槽，螺纹旋入不超过此凹槽）可判为合格。

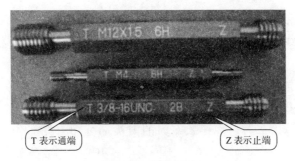

图 2.30 螺纹塞规

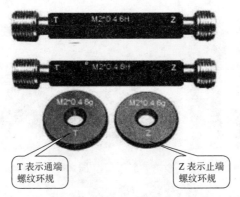

图 2.31 螺纹环规

## 2.18 外圆车刀的结构、种类、安装方法是什么

外圆车刀的结构组成如图 2.32 所示。

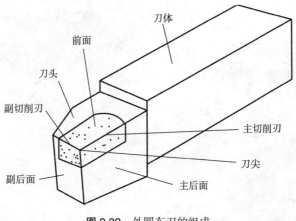

图 2.32 外圆车刀的组成

### 1. 外圆车刀的结构形式

按照结构不同，外圆车刀可分为整体式车刀、焊接式车刀和机械夹固式车刀。

（1）整体式车刀。刀头部分和刀杆部分均为同一种材料。用作整体式车刀的刀具材料一般是整体高速钢，如图 2.33 所示。

（2）焊接式车刀。焊接式车刀的刀头部分和刀杆部分分别是两种材料，它是刀杆上镶焊硬质合金刀片，而后经刃磨所形成的车刀。图 2.34 所示为焊接式车刀。

图 2.33　整体式车刀

图 2.34　焊接式车刀

（3）机械夹固式车刀。它是将硬质合金刀片用机械夹固的方法固定在刀杆上的，如图 2.35 所示。它又分为机夹重磨式和机夹不重磨式两种车刀。两者区别在于：后者刀片形状为多边形，即多条切削刃，多个刀尖，用钝后只需将刀片转位即可使新的刀尖和刀刃进行切削而不用重新刃磨；前者刀片则只有一个刀尖和一个刀刃，用钝后就必须刃磨。

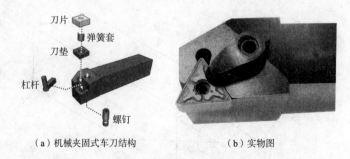

（a）机械夹固式车刀结构　　　　　　（b）实物图

图 2.35　机械夹固式车刀

### 2. 外圆车刀的种类

按照主偏角不同，常见的外圆车刀可分为三种，其主偏角分别为 90°、

75º 和 45º，如图 2.36 所示。三类外圆车刀的具体描述见表 2.1。

（a）90º 外圆车刀　　　（b）75º 外圆车刀　　　（c）45º 外圆车刀

图 2.36　外圆车刀种类

表 2.1　常用外圆车刀的种类、特征和用途

| 种类 | | 特征 | 用途 | 图例 |
|---|---|---|---|---|
| 90º 外圆车刀 | 左偏刀 | 主切削刃在刀体右侧，由左向右纵向进给（反向进刀），又称反偏刀 | 一般用来车削工件的端面，左向台阶及外圆 | 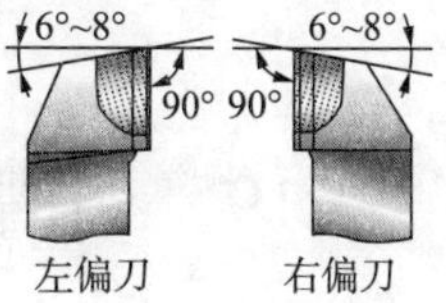  |
| | 右偏刀 | 主切削刃在刀体左侧，由右向左纵向进给，又称正偏刀 | 一般用来车削工件的外圆、端面和右向台阶 | 左偏刀　　右偏刀 |
| 75º 外圆车刀 | | 75º 车刀的刀尖角大于 90º，刀头强度高，耐用 | 适用于粗车轴类工件的外圆和强力切削铸件、锻件等加工余量较大的工件，其左偏刀还用来车削铸件、锻件的大平面 | 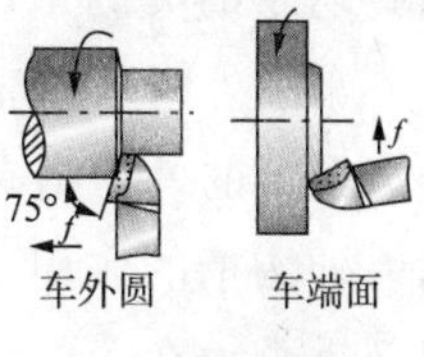 车外圆　　车端面 |
| 45º 外圆车刀 | | 45º 车刀（弯头刀）也分为左、右两种，其刀尖角等于 90º，所以刀体强度和散热都比 90º 车刀好 | 用于车端面、倒角及没有台阶的轴类零件外圆的粗加工 | 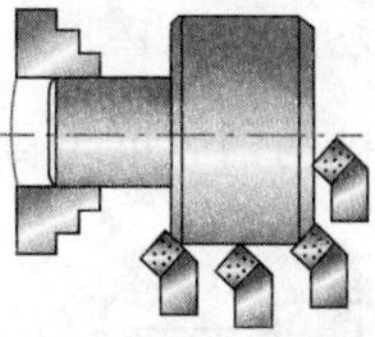 |

### 3. 外圆车刀的安装

外圆车刀的安装方法如图 2.37 所示。

（1）外圆车刀装夹在刀架上的伸出部分应尽量短，以增强其刚性。刀头伸出的长度约为刀杆厚度的 1～1.5 倍。垫片的数量尽量少，并与刀架边缘对齐，至少用两个螺钉压紧，以防震动。

（2）车刀的刀尖应与工件中心等高。

① 刀尖高于工件轴线时，会使车刀实际后角减小，车刀后面与工件之间的摩擦增大。

② 刀尖低于工件轴线时，会使车刀的实际前角减小，切削阻力增大。

③ 刀尖不对中心，在车至端面中心时会留有凸头或使刀尖崩碎。

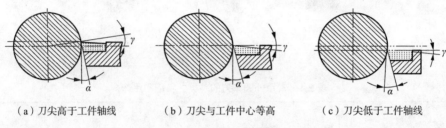

（a）刀尖高于工件轴线　　（b）刀尖与工件中心等高　　（c）刀尖低于工件轴线

图 2.37　装刀高低与工作角度的关系

## 2.19　切槽车刀的结构、种类、安装方法是什么

在车削加工中，把棒料或工件切成两段（或数段）的加工方法叫切断。切断的关键是切断刀的几何参数的选择及其刃磨和选择合理的切削用量。车削外圆及轴肩部分的沟槽，称为车外沟槽。

常见的外沟槽有：外圆沟槽、外圆端面沟槽和圆弧沟槽，如图 2.38 所示。外沟槽的作用一般是为了磨削时退刀方便，或使砂轮磨削端面时保证肩部垂直；在车削螺纹时为了退刀方便，一般也在肩部切有沟槽。这些沟槽的另一个作用是使零件装配时有一个正确的轴向位置。这里只介绍车削外圆沟槽（也叫直沟槽）使用的车刀，见图 2.39。

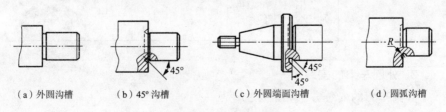

（a）外圆沟槽　　（b）45º 沟槽　　（c）外圆端面沟槽　　（d）圆弧沟槽

图 2.38　外沟槽的种类

图 2.39 　车外圆沟槽

### 1. 车床切槽的工艺特点

（1）车床切槽的总切削力与功耗大，切削温度高，散热不好。这是由于车槽刀的一个主刀刃两个副刀刃同时参与三面切削，被切削材料的塑性变形复杂、摩擦阻力大，切槽加工时进给量小、切削厚度薄、平均变形大、单位切削力增大。

（2）切削速度在加工过程中处于不断变化的状态，切削力，切削热也在不断变化。

（3）实际前角、后角都在不断变化，过程复杂。这是由于切槽加工时，工件一面旋转，刀具不断切入，在工件表面形成阿基米德螺旋面。

（4）由于刀具宽度窄，相对悬伸长，刀具刚性差，易震动。在切断，切深槽时更加明显。

切断时的情况如图 2.40 所示。矩形车槽刀和切断刀的几何形状相同，刃磨的方法基本相同，只是刀头部分的宽度和长度有区别。有时车槽刀和切断刀可以通用。

图 2.40 　切　断

### 2. 车槽刀的种类

按照车槽刀的材料不同，可分为高速钢车槽刀（图 2.41）和硬质合金车槽刀（图 2.42）。高速钢车槽刀刀头与刀杆是同一材质，当车槽刀损坏后可重新刃磨后再使用。

图 2.41　高速钢车槽刀　　　　图 2.42　硬质合金车槽刀

　　硬质合金车槽刀的刀片涂层可以显著提高硬质合金刀片的寿命。由于涂层可以在刀具与切屑之间提供润滑层，因此还能缩短加工时间、改善工件表面粗糙度。目前常用的涂层包括氮铝钛（TiAlN）、氮化钛（TiN）、碳氮化钛（TiCN）等。为了获得最佳性能，涂层必须与被加工材料相互匹配。

　　正确选择和使用刀具将决定加工的成本效益。切槽刀具可以使用两种方式加工出工件几何形状：一是通过一次切入加工出整个槽形；二是通过多次切入分步粗加工出沟槽最终尺寸（图 2.43）。在选择刀具几何形状后，可以考虑采用能提高排屑性能的刀具涂层。

　　在大批量加工时，应该考虑采用成形刀具（图 2.44）。成形刀具通过一次切入加工出全部或大部分沟槽形状，可以空出刀具位置和缩短加工循环时间。非刀片式成形刀具的一个缺点是，如果其中一个刀齿比其他刀齿更快地破损或磨损，就必须更换整个刀具。还需要考虑的一个重要因素是控制刀具产生的切屑和成形切削所需的机床功率。

图 2.43　多次走刀加工宽槽　　　　图 2.44　大批量加工时的刀具

### 3. 车槽刀的安装

（1）车槽刀和切断刀在装刀时应严格对准中心，且主切削刃应与进给方向平行。

（2）车刀的伸出长度不宜太长，要保证在切削过程中有足够的强度，否则易引起震动。

（3）车刀在夹紧时，刀架的螺钉应依次轮流上紧，否则白钢刀很容易被夹断。

## ▓ 2.20 内孔车刀的结构、种类、安装方法分别是什么

根据不同的加工情况，内孔车刀可分为通孔车刀和盲孔车刀两种。

### 1. 通孔车刀

通孔车刀主要用于粗、精加工通孔，切削部分的几何形状与 $45°$ 端面车刀相似，见图 2.45，为了减小径向切削抗力，防止车孔时振动，主偏角 $\kappa_r$ 应大些，一般为 $60° \sim 75°$，副偏角 $\kappa_r'$ 一般为 $15° \sim 30°$。

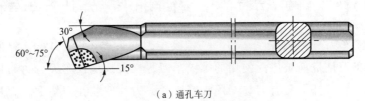

（a）通孔车刀

（b）实物图

**图 2.45 通孔车刀**

### 2. 盲孔车刀

盲孔车刀主要用于粗、精加工盲孔或台阶孔，切削部分的几何形状与 $90°$ 外圆车刀相似，见图 2.46。主偏角 $\kappa_r$ 应略大于 $90°$，一般在 $92° \sim 95°$，

副偏角 $\kappa_r'$ 一般为 6° ~ 10°。其刀尖必须处于刀头部位的最顶端，否则就无法车平台阶孔底。

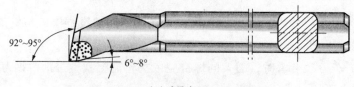

（a）盲孔车刀

（b）实物图

图 2.46　盲孔车刀

## 2.21　外螺纹车刀的结构、种类、安装方法是什么

螺纹车刀分为内螺纹车刀和外螺纹车刀两大类（图 2.47），目前机夹式螺纹车刀是目前被广泛使用的螺纹车刀，机夹式螺纹车刀分为刀杆和刀片两部分，刀杆上装有刀垫，用螺钉压紧，刀片安装在刀垫上，刀片又分为硬质合金未涂层刀片（用来加工有色金属的刀片，如：铝、铝合金、铜、铜合金等材料），硬质合金涂层刀片（用来加工钢材、铸铁、不锈钢、合金材料等）。

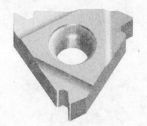

（a）外螺纹车刀　　　　　（b）内螺纹车刀　　　　　（c）螺纹车刀刀片

图 2.47　螺纹车刀及刀片

　　螺纹车刀是一种具有螺纹廓形的成形车刀。结构简单，通用性好，可用来加工各种形状、尺寸和精度的内、外螺纹，加工质量主要取决于操作者的技术水平及机床、刀具本身的精度。正确地选择和使用螺纹刀具，对保证螺纹的加工质量和生产效率是十分重要的，见图2.48。

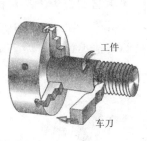

图 2.48　车外螺纹

　　螺纹有右旋（正扣）及左旋（反扣）两种，即当主轴正转时，由尾座向卡盘方向走刀（图2.49）时加工出来的螺纹为右旋（正扣）；当主轴还是正转的情况下，由卡盘向尾座方向走刀，加工出来的螺纹为左旋（反扣）。

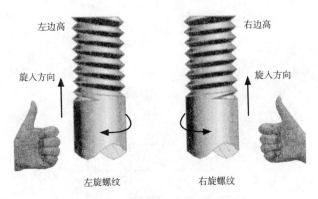

图 2.49　左旋螺纹和右旋螺纹

　　沿螺纹轴线方向剖切所得到的螺纹牙齿断面形状称为牙型。不同种类的螺纹牙型用途不同。常用的外螺纹车刀牙型有三角形、梯形、锯齿形等。

　　车削螺纹时，为了保证螺纹牙型正确，对安装螺纹车刀提出了较严格的要求。

　　（1）安装螺纹车刀时，刀尖位置一般应与车床主轴轴线等高。若刀尖位置过高，则刀具的实际后角减小，刀具吃刀到一定深度时，车刀的后刀面会顶住工件，增大摩擦力，甚至把工件顶弯，造成"扎刀"现象；刀尖位置过低，会使刀具实际前角增大，导致切屑不易排出。当高速车削螺纹时，为防止震动和"扎刀"，其硬质合金车刀的刀尖应略高于车床主轴轴线0.1 ~ 0.3mm。

（2）牙型半角。装夹螺纹车刀时，要求它的刀尖齿形对称并垂直于工件轴线（图 2.50），即螺纹车刀两侧刀刃相对于牙型对称中心线的牙型半角应各等于牙型角的一半（锯齿形螺纹和其他不存在牙型半角的非标准螺纹无此项要求）。它通过牙型对称中心线与车床主轴轴线处于垂直位置的要求来安装螺纹刀。

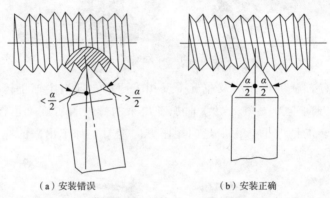

（a）安装错误　　　　　　　（b）安装正确

图 2.50　外螺纹刀安装

如果外螺纹刀装歪，所车螺纹就会产生牙型歪斜等质量异常现象，而影响正常旋合。外螺纹车刀装刀时，用样板校对刀型与工件垂直的对刀方法安装、锁紧螺纹刀，如图 2.51 所示。

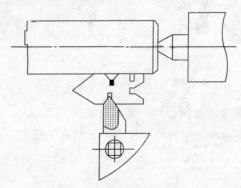

图 2.51　外三角螺纹样板对刀的方法

刀头伸出长度：刀头一般不要伸出过长，一般为刀杆厚度的 1 ~ 1.5

倍。内螺纹车刀的刀头加上刀杆后的径向长度应比螺纹底孔直径小
3~5mm，以免退刀时碰伤牙顶。

## 2.22 内螺纹车刀的结构和安装方法是什么

内螺纹车刀（图2.52）用于车削内螺纹，刀尖角应等于牙型角。车削
普通螺纹时牙型角为60°，车削英制螺纹时牙型角为55°。刀尖角是螺纹
车刀的纵向前角等于0°时，两侧切削刃之间的夹角。牙型角是螺纹牙型
上，相邻两牙侧间的夹角。因此，螺纹车刀安装是否正确将直接影响加工
质量。

内螺纹车刀安装时用样板（图2.53）校对刀型与工件端面平行的方法
安装内螺纹刀。刀头一般不要伸出过长，为刀杆厚度的1~1.5倍。内螺纹
车刀的刀头加上刀杆后的径向长度应比螺纹底孔直径小3~5mm，以免退
刀时碰伤牙顶。

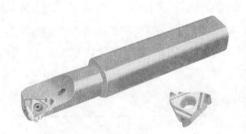

图2.52 内螺纹车刀

图2.53 角度样板

## 2.23 钻头的结构及使用方法是什么

用钻头在实体材料上加工孔的方法叫钻孔。钻孔属于粗加工，其尺寸
精度一般可达IT11~IT12，表面粗糙度为$Ra12.5~25$mm。对于精度要求
不高的孔，可用麻花钻直接钻出，对于精度要求较高的孔，钻孔后还要经
过精加工才能完成。麻花钻的组成如图2.54所示。

钻头根据形状的不同，可以分为扁钻、麻花钻、中心钻、锪孔钻、深
孔钻等。钻头一般用高速钢制成。近几年来，由于高速切削的发展，镶硬
质合金的钻头也得到了广泛的使用。这里只介绍高速钢麻花钻。

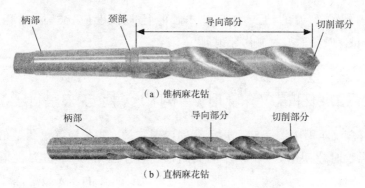

（a）锥柄麻花钻

（b）直柄麻花钻

图 2.54 麻花钻的组成

### 1. 麻花钻的结构组成

（1）柄部。钻削时起传递扭矩和钻头的夹持定心作用。麻花钻有直柄和莫氏锥柄两种。直柄钻头的直径一般为 0.3～13mm。莫氏锥柄钻头直径如表 2.2 所示。为了节约高速钢材料，较大直径的麻花钻的柄部材料为碳素结构钢。

（2）颈部。直径较大的钻头在颈部标注商标、钻头直径和材料牌号。

（3）工作部分。这是钻头的主要部分，由切削部分和导向部分组成，起切削和导向的作用。

表 2.2 莫氏锥柄钻头直径

| 莫氏锥度号 | 1 | 2 | 3 | 4 | 5 | 6 |
|---|---|---|---|---|---|---|
| 钻头直径 /mm | 3～14 | 14.25～23 | 23.25～31.75 | 32～50 | 50.50～76 | 77～80 |

### 2. 麻花钻工作部分的几何形状

如图 2.55 所示，麻花钻切削部分可以看作正反的两把车刀，所以它的几何角度的概念与车刀基本相同，但也有其特殊性。

（1）螺旋槽。钻头的工作部分有两条螺旋槽，它的作用是构成切削刃、排出切屑和通过切削液。

（2）螺旋角（$\beta$）。螺旋角是指螺旋槽上最外缘的螺旋线展开成直线后与轴线之间的夹角。由于同一钻头螺旋一致，所以不同直径处的螺旋角大小不同，越靠近中心螺旋角越小。钻头的名义螺旋角是指边缘处的螺旋角。标准麻花钻的螺旋角在 18º～30º 的范围。

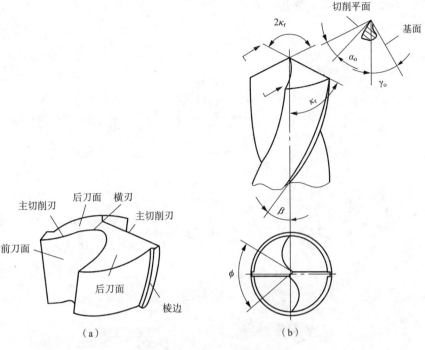

图 2.55　麻花钻的各部分名称

（3）前面。是指螺旋槽面。

（4）后面。是指钻顶的螺旋圆锥面。

（5）顶角（$2\kappa_r$）。钻头两主切削刃之间的夹角。顶角大、主切削刃短、定心差，钻出的孔容易扩大。但顶角大、前角也增大、切削省力些。一般标准麻花钻的顶角为118°。

当麻花钻顶角为118°时，两主切削刃为直线，如果顶角不为118°时，主切削刃就变成曲线，如图2.56所示。麻花钻头基本上可以根据图2.57所示的切削刃形状来鉴别顶角的大小。

（6）前角（$\gamma_o$）。前角是基面与前面的夹角。麻花钻前角的大小与螺旋角、顶角、钻心直径等有关，而其中影响最大的是螺旋角。螺旋角越大，前角也越大。由于螺旋角随直径的大小而改变，所以切削刃上各点的前角也是变化的，如图2.57所示。前角靠近外缘处最大，自外缘向中心逐渐减小，并约在 D/3 以内开始为负前角。前角变化范围为＋30°～－30°。

（7）后角（$\alpha_o$）。后角是切削平面与后刀面的夹角。为了测量方便，后角在圆柱面内测量。麻花钻主切削刃上各点的后角数值也是变化的。靠近

外缘处的后角最小，靠近中心处的后角最大，外缘处后角一般为 8° ～ 10°
（图 2.58）。

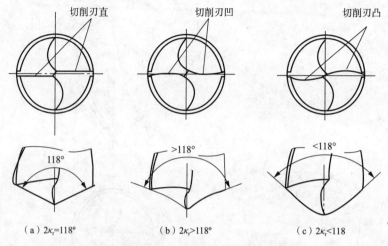

切削刃直　　　　　　切削刃凹　　　　　　切削刃凸

118°　　　　　　>118°　　　　　　<118°

（a）$2\kappa_r = 118°$　　　（b）$2\kappa_r > 118°$　　　（c）$2\kappa_r < 118$

图 2.56　麻花钻顶角大小对主切削刃的影响

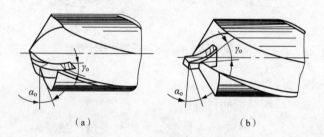

（a）　　　　　　　　（b）

图 2.57　麻花钻的前角变化

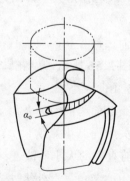

图 2.58　麻花钻后角的测量

（8）横刃。钻头两切削刃的连线，也是两个主后面的交线。横刃太短
会影响麻花钻钻尖的强度，横刃太长使轴向力增大，对钻削不利。

（9）横刃斜角（$\phi$）。在垂直于钻头轴线端面的投影中，横刃与主切削之间的夹角。它的大小由后角的大小决定。后角大时，横刃斜角就减小，横刃变长。后角小时情况相反。横刃斜角一般为55°。

（10）棱边和倒锥。麻花钻的导向部分在切削过程中能保持钻削方向、修光孔壁以及作为切削部分的后备部分。在切削过程中，为了减少与孔壁间的摩擦，在麻花钻上特别制出两条略带倒锥形的刀带（即棱边）。

### 3. 钻头的选用与装夹

麻花钻选用时，长度应合理。过长则刚性差，过短则排屑不顺利，不易把孔钻穿。直柄麻花钻用钻夹头装夹，如图2.59（a）所示。锥柄钻头的柄部采用1号至6号莫氏锥体，锥柄麻花钻用过渡套装夹，如图2.59（b）所示。莫氏钻套根据莫氏维度，有0、1、2、3、4、5、6共七个号，锥度值有一定的变化，每一型号公称直径大小分别为9.045 mm、12.065 mm、17.78 mm、23.825 mm、31.267 mm、44.399 mm和63.348 mm。主要用于各种刀具（如钻头、铣刀）、各种刀杆及机床主轴孔锥度。装夹应牢固可靠，防止打滑，如图2.59（c）所示。

（a）钻夹头夹持直柄麻花钻　　（b）锥柄工具过渡套　　　（c）锥柄麻花钻用过渡套装夹

**图2.59 钻头的装夹**

### 4. 钻削加工特点

钻削时，钻头是在半封闭的状态下进行切削的，转速高，切削用量大，排屑又很困难，因此钻削具有如下特点。

（1）摩擦较严重，需要较大的钻削力。

（2）产生的热量多，而传热、散热困难，因此切削温度较高，易造成钻头严重磨损。

（3）钻削时的挤压和摩擦容易产生孔壁的冷作硬化现象，给下道工序加工增加困难。

（4）钻头细而长，且刚性差，钻削时容易产生震动及引偏。

（5）加工精度低，一般只适合粗加工。

## 2.24　中心钻的结构及使用方法是什么

### 1. 中心孔

中心孔是机械设计中常见的结构要素，可用作零件加工和检测的基准。GB/T 145—2001 规定中心孔有 A、B、C、R 四种形式。这四种形式中心孔的圆锥角为 60°，重型工件用 75° 或 90° 的圆锥角。

中心孔通常用中心钻钻出，直径在 6.3mm 以下的中心孔一般采用钻的加工工艺，较大的中心孔可采用车、锪锥孔等加工方法。制造中心钻的材料一般为高速钢。

A 型中心孔由锥孔和圆柱孔两部分组成，圆锥孔的圆锥角为 60°，如图 2.60 所示。适用于不需多次安装或不保留中心孔的零件，定位和导向作用。

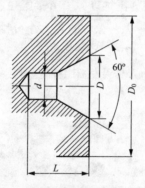

图 2.60　A 型中心孔

B 型中心孔是在 A 型中心孔的端部再加 120° 的圆锥面，目的是保护 60° 圆锥孔，适用于多次安装的零件（图 2.61）。

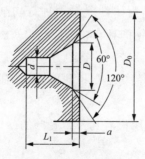

图 2.61　B 型中心孔

C 型中心孔是在 B 型中心 60° 锥孔后加一短圆柱孔，靠近里端有一个比圆柱孔还要小的内螺纹（图 2.62）。适用于工件之间的紧固连接（需要把其他零件轴向固定在轴上，或需将零件吊挂放置的）。

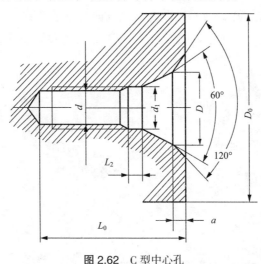

图 2.62  C 型中心孔

R 型中心孔的形状与 A 型中心孔相似，只是将 A 型中心孔的 60° 圆锥改成圆弧面（图 2.63）。适用于定位精度要求较高的工件。

中心孔的圆柱部分的作用是：储存油脂，保护顶尖。圆柱部分的直径就是选取中心钻的公称直径。

### 2. 中心钻种类

常用中心钻有 A 型（不带护锥）和 B 型（带护锥）两种，制作材料一般为高速钢（图 2.64）。

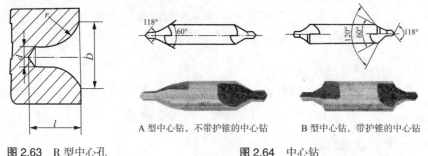

图 2.63  R 型中心孔

A 型中心钻，不带护锥的中心钻    B 型中心钻，带护锥的中心钻

图 2.64  中心钻

### 3. 中心钻的装夹

首先，根据加工需要选择合适的中心钻，根据机床尾座套筒锥度选择带莫氏锥柄的钻夹头；用钻夹头钥匙逆向旋转钻夹头外套（图 2.65）。三爪张开，中心钻位于三爪之间，伸出长度为中心钻长度的 1/3，然后用钻

夹钥匙顺时针方向转动钻夹头外套,使三爪夹紧中心钻;最后,擦干净钻夹头柄部和尾座锥孔,沿尾座套筒轴线方向将钻夹头锥柄部分,稍用力插入尾座套筒锥孔中(注意扁尾方向)。装夹后的中心钻如图 2.66 所示。

与钻床主轴锥孔配合
紧固扳手
自动定心卡抓

图 2.65 钻夹爪

图 2.66 中心钻的装夹

## 2.25 车刀刀尖高度的调整方法有哪些

零件加工过程中,在车刀安装时,其刀尖高度都应该严格对准零件旋转中心。如在车削零件的端面,不管车刀刀尖高度高于或低于零件旋转中心,都会使车刀在车削过程中崩刃,使零件端面留下凸台。安装车刀时使刀尖对准工件中心的方法有以下三种。

### 1. 对齐刻度线法

首先在机床刀架位置预先画好标准刀具高度刻度线,然后调整刀具垫片高度,使车刀刀尖达到标准刀具高度,如图 2.67 所示。

### 2. 零件端面对齐法

将车刀靠近工件端面,用划线法调整车刀的高低。用车刀刀尖在零件端面划两条以上的直线,看交点是否与零件端面中心重合,或者根据经验目测,如图 2.68 所示。

图 2.67 对齐刻度线法            图 2.68 零件端面对齐法

### 3. 顶尖对齐法

首先在车床尾座上安装顶尖，然后将车刀预安装在刀架上，然后移动刀架，让刀尖与尾座上的顶尖对比，通过调整刀具垫片高度，使车刀刀尖与尾座上顶尖的高度等高，如图 2.69（a）所示。若没有顶尖时，也可用中心钻代替顶尖，如图 2.69（b）所示。

（a）顶尖对齐刀尖高度            （b）中心钻对齐刀尖高度

图 2.69 顶尖对齐法

# 第 **3** 章
# 数控车床加工常用指令

使用数控车床加工零件，一般的工作流程是：根据零件图编制加工计划、编写数控车床用的加工程序；程序被读进 CNC 系统中，然后在机床上安装工件、刀具，并且根据程序运行机床，实际进行加工。虽然常见的不同型号数控系统中大多数编程指令含义、格式相近，但毕竟不完全一致。因此，本书主要以 FANUC 0i Mate TC 系统为例介绍基本的编程指令。

## 3.1 如何建立数控车床的坐标系

### 1. 坐标系的建立

对于数控机床坐标轴名称及其正负方向，我国已发布了国家标准《工业自动化系统与集成机床数值控制坐标系和运动命名》（GB/T 19660—2005），它与 ISO 841：2001 标准相同。该标准规定了与数控机床主要运动和辅助运动相应的机床坐标系。

机床坐标系设定的目的：用来提供刀具（或加工空间里或图纸上的点）相对于固定的工件移动的坐标。这样做的好处是，编程人员不用知道是刀具移近工件，还是工件移近刀具，都能准确地描述机床的加工操作。机床坐标系采用右手直角坐标系，如图 3.1 所示。

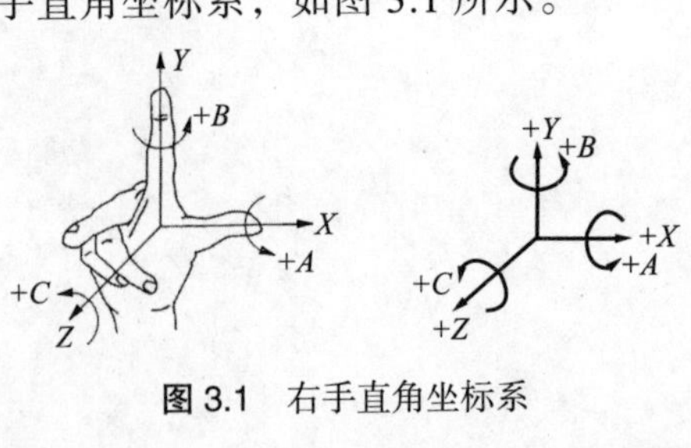

图 3.1　右手直角坐标系

三个主要轴称为 $X$、$Y$ 和 $Z$ 轴，绕 $X$、$Y$ 和 $Z$ 轴回转的轴分别称为 $A$、$B$ 和 $C$ 轴。

在车床坐标系中，车床主轴纵向方向是 $Z$ 轴，平行于横向运动方向为 $X$ 轴，车刀远离工件的方向为正方向，车刀接近工件的方向为负方向。卧式车床的机床坐标系如图 3.2 所示。

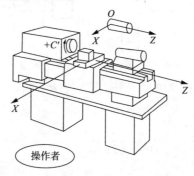

图 3.2 卧式车床坐标系（水平床身前置刀架式数控车床）

当车床为前置刀架（即刀架置于操作者与工件之间）时，$X$ 轴正向向前，指向操作者，如图 3.2 所示。当机床为后置刀架（即工件置于操作者与刀架之间）时，$X$ 轴正向向后，背离操作者，如图 3.3 所示。

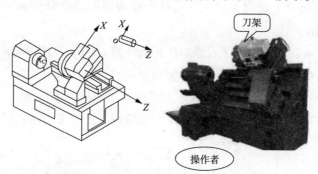

图 3.3 倾斜床身后置刀架式数控车床

## 2. 编程坐标系与编程原点

为了方便编程，首先要在零件图上适当选定一个编程原点，该点应尽量设置在工艺基准与设计基准上，并以这个原点作为坐标系的原点，再建立一个新的坐标系，称为编程坐标系或工件坐标系。

编程坐标系用来确定编程和刀具的起点。在数控车床上，编程原点一般设在右端面与主轴回转中心线交点 $O$ 上［图 3.4（b）］，也可设在工件的左端面与主轴回转中心线交点 $O$ 上［图 3.4（a）］。坐标系以机床主轴线方向为 $Z$ 轴方向，刀具远离工件的方向为 $Z$ 轴的正方向。$X$ 轴位于水平面且垂直于工件旋转轴线的方向，刀具远离主轴轴线的方向为 $X$ 轴正向，如图 3.3 所示。

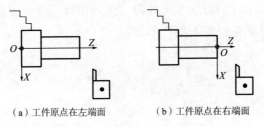

（a）工件原点在左端面　　　　（b）工件原点在右端面

图 3.4　工件原点及工件坐标系

# 3.2　如何选择编程方式

### 1. 绝对坐标方式与增量（相对）坐标方式

绝对坐标系：所有坐标点的坐标值均从编程原点计量的坐标系，称为绝对坐标系。

增量坐标系：坐标系中的坐标值是相对刀具前一位置（或起点）来计算的，称为增量（相对）坐标。增量坐标常用 $U$、$W$ 分别表示，与 $X$、$Z$ 轴平行且同向。

例如，在图 3.5 中，$A$ 点绝对坐标为（$D_3$，$-L_2$），$A$ 点相对 $B$ 点的增量坐标为（$U$，$W$），其中 $U=D_3-D_2$；$W=-（L_2-L_1）$。

编程中可根据图样尺寸的标注方式及加工精度要求选用，在一个程序段中可采用绝对坐标方式或相对坐标方式编程，也可采用两者混合编程。

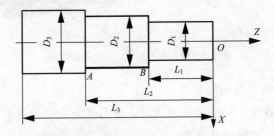

图 3.5　绝对坐标与增量坐标

### 2. 直径编程与半径编程

在数控车削编程中，$X$ 坐标值有两种表示方法，即直径编程和半径编程。

直径编程：在绝对坐标方式编程中，*X* 值为零件的直径值，增量坐标方式编程中，*X* 为刀具径向实际位移量的两倍。由于零件在图纸上的标注及测量多为直径表示，所以大多数数控车削系统采用直径编程。

半径编程：采用半径编程，即 *X* 值为零件半径值或刀具实际位移量。常见的 FANUC 系统是采用直径编程。

## 3.3　数控车床程序的结构与格式由哪些部分组成

### 1. 程序结构

一个完整的程序由程序号、程序内容和程序结束三部分组成。例如：

| | |
|---|---|
| O0001； | 程序号 |
| N0010 G40 G97 G99 M03 S600 F0.25； | |
| N0020 T0101； | |
| N0030 M08； | |
| N0040 G00 X44.0 Z2.0； | |
| N0050 G01 Z-66.0； | 程序内容 |
| N0060 X46.0； | |
| N0070 G00 Z2.0； | |
| N0080 M09； | |
| N0090 M30； | 程序结束 |

（1）程序号。在程序的开始部分，在数控装置存储器中通过程序号查找和调用程序，程序号由地址码和四位编号数字组成，在 FANUC 系统中一般地址码为字母 O，其他系统用 P 或 % 等。

（2）程序内容。程序内容用来使数控机床自动完成零件的加工，是整个程序的主要部分，它是由若干程序段组成，每个程序段由若干程序字组成。每个字又是由地址码和若干数字组成。

（3）程序结束。程序结束一般用辅助功能代码 M02（程序结束）和 M30（程序结束，返回起点）等来表示。

### 2. 程序段格式

程序段格式是指一个程序段中的字、字符和数据的书写规则，通常有三种格式，常使用的是字地址可变程序段格式。它是由语句号字、数据字和程序段结束符组成。该格式的特点是对一个程序段中的字排列顺序要求不严格，数据的位数可多可少，与上一程序段相同的字可以不写。字地址码可变程序段格式如下：

N__G__X__Z__F__S__T__M__LF

程序段内各字的说明见表 3.1。

表 3.1　程序段内各字说明

| 字 | 说　明 |
| --- | --- |
| 语句号字<br>N | 程序段的编号，由地址码和后面的若干位数字表示（例如 N0010），程序段的编号一般不连续排列，以 5 或 10 间隔，目的是便于插入语句 |
| 准备功能字<br>G 代码 | G 功能是控制数控机床进行操作的指令，用地址符 G 和两位数字来表示 |
| 尺寸字<br>X、Z 等 | 尺寸字由地址码、+、−符号及绝对值或增量值构成，地址码有 X、Z、U、W、R、I、K 等 |
| 进给功能字<br>F | 表示刀具中心运动时的进给量，由地址码 F 和后面若干位数字构成，其单位是（mm/min）或（mm/r） |
| 主轴转速功能字<br>S | 由地址码 S 和若干位数字组成，单位为（r/min） |
| 刀具功能字<br>T | 表示刀具所处的位置，由地址码 T 和若干位数字组成 |
| 辅助功能字<br>M | 辅助功能表示一些机床的辅助动作指令，由地址码 M 和后面两位数字组成 |
| 程序段结束符 | 写在每段程序之后，表示程序段结束，在使用 EIA 标准代码时，结束符为"CR"，有使用 ISO 标准代码时，结束符为"LF"或"NL"，FANUC 系统结束符为"；" |

## 3.4　数控车床编程中的 F、S、T 功能指令的含义分别是什么

### 1. 进给功能指令 F

指令格式如下：

F__；

说明：该指令是模态指令，表示进给量或进给速度。即在同一程序

中被指定后，F 值一直有效，直到被新的 F 值取代。在使用快速定位指令 G00 时，进给速度与 F 值无关，可通过机床操作面板上的快速倍率修调旋钮来调整。

进给功能指令 F 有主轴每转进给（即进给量，单位为 mm/r）和每分钟进给（即进给速度，单位为 mm/min）两种指定方式。在数控车床编程中，进给功能指令 F 常使用主轴每转进给表示，如图 3.6 所示。

对应于图 3.6（a），F0.2；表示车削时进给量为 "0.2 mm/r"。

对应于图 3.6（b），F120；表示车削时进给速度为 "120 mm/min"。

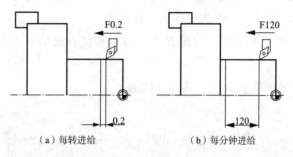

（a）每转进给　　　　　　　　（b）每分钟进给

图 3.6　进给功能指令 F

### 2. 主轴转速功能指令 S

指令格式如下：

S__；

主轴转速功能指令用来指定主轴的转速（单位为 r/min）或切削速度（单位为 m/min），其格式由地址符 S 及其后面的数字组成。

S 指令经常在恒线速度切削控制指令 G96、恒线速度取消控制指令 G97 下应用。

#### 1）恒线速度控制指令 G96

车削过程中，若所加工的零件要求锥面或端面部位表面粗糙度保持一致，必须采用恒线速度控制切削方式。恒线速度控制车削过程中，理论上主轴转速会随着加工部位的直径减小而不断升高，为了避免转速无限制升高，可用恒线速度最高转速设定——G50 指令对最高转速加以限制。恒线速度控制指令 G96 的使用格式为：

G50 S3000；　　（限制最高转速为 3000r/min）

G96 S150；　　（表示车削过程中，刀具切削点的切削速度保持

恒定，为 150m/min）

2）恒线速度控制取消指令 G97

G97 S2000；表示车削过程中，车床主轴转速保持恒定，速度为 2000r/min。数控车床开机后，通常默认 G97 状态，即恒线速度控制取消状态。

### 3. 刀具功能指令 T

指令格式如下：

　　　T＿＿；

刀具功能指令用于选择加工用刀具，T 后面通常有四位数字，前面两位是刀具号，后面两位是刀具补偿号，包括刀具长度补偿号和刀尖圆弧半径补偿号，若后两位为 00 表示取消刀具补偿。

T0202；表示选用 2 号刀具和 2 号刀具长度补偿值和刀尖圆弧半径补偿值。

T0200；表示取消 2 号刀具的补偿值。

## 3.5　数控车床编程中的 M 功能指令的含义是什么

M 功能指令是用来指令机床辅助动作的一种功能指令，又称为辅助功能指令。它由地址符 M 及其后面的两位数字组成。M 指令有时因机床生产厂家不同而各异，FANUC 0i Mate TC 常用的 M 功能指令见表 3.2。

**表 3.2　辅助功能 M 代码表**

| M 代码 | 功　能 | M 代码 | 功　能 |
|---|---|---|---|
| M00 | 程序停止 | M05 | 主轴停 |
| M01 | 选择性程序停止 | M08 | 切削液启动 |
| M02 | 程序结束 | M09 | 切削液停 |
| M30 | 程序结束复位 | M98 | 子程序调用 |
| M03 | 主轴正转 | M99 | 子程序结束 |
| M04 | 主轴反转 | | |

### 1. 程序停止、结束类指令

1）程序停止 M00

实际上 M00 是一个暂停指令。当执行有 M00 指令的程序段后，主轴停转、进给停止、切削液关、程序停止。利用机床的"循环启动"键，可继续执行后续程序。M00 指令常用于加工过程中测量工件的尺寸、工件调头、手动变速等操作。

2）选择性程序停止 M01

作用与 M00 相似，但必须是预先按下操作面板上的"选择停止"按钮并执行到 M01 指令的情况下，才会停止执行程序；如没有按下"选择停止"按钮，M01 指令无效，程序继续执行。M01 指令常用于工件关键性尺寸的抽样检查等，当检查完毕，按"循环启动"键可继续执行后续程序。

3）程序结束指令 M02、M30

程序结束指令用在程序的最后一个程序段中，可使主轴停转、进给停止、切削液关，并使机床复位。M02 与 M30 的作用基本相同，但 M30 能自动返回程序起始位置。

**2. 与主轴开、停有关的指令**

M03 表示主轴正转，M04 表示主轴反转。对于带有四方刀架的数控车床，其正、反转方向与结构相似的普通车床一致。M05 为主轴转动停止指令。

**3. 与切削液有关的指令**

M08 为切削液开，M09 为切削液关。

**4. 与子程序有关的指令**

M98 为子程序调用指令，M99 为子程序结束并返回主程序指令。关于子程序的调用指令的应用，将在后面的章节中详细介绍。

# 3.6 准备功能 G 代码都有哪些

使机床或控制系统建立加工功能方式的指令，称为准备功能。准备功能通常是以字母 G 加上两位数字组成（G00～G99），也称 G 代码。FANUC 和 SIEMENS 的数控系统都采用 G 代码编程，FANUC 0i Mate TC 的准备功能 G 代码见表 3.3。

表 3.3 准备功能 G 代码表

| G 代码 | 功 能 | G 代码 | 功 能 |
|---|---|---|---|
| *G00 | 快移定位 | G02 | 圆弧插补（CW，顺时针） |
| G01 | 直线插补（直线切削） | G03 | 圆弧插补（CCW，逆时针） |

续表 3.3

| G 代码 | 功　能 | G 代码 | 功　能 |
|---|---|---|---|
| G04 | 暂停 | G58 | 选择工件坐标系 5 |
| G18 | ZX 平面选择 | G59 | 选择工件坐标系 6 |
| G20 | 英制输入 | G70 | 精加工循环 |
| G21 | 公制输入 | G71 | 内外圆粗车循环 |
| G27 | 参考点返回检查 | G72 | 台阶粗车循环 |
| G28 | 参考点返回 | G73 | 成形重复循环 |
| G30 | 回到第二参考点 | G74 | Z 向端面钻孔循环 |
| G32 | 螺纹切削 | G75 | X 向外圆/内孔切槽循环 |
| *G40 | 刀尖半径补偿取消 | G76 | 螺纹切削复合循环 |
| G41 | 刀尖半径左补偿 | G90 | 内外圆固定切削循环 |
| G42 | 刀尖半径右补偿 | G92 | 螺纹固定切削循环 |
| G50 | 坐标系设定/恒线速最高转速设定 | G94 | 端面固定切削循环 |
| *G54 | 选择工件坐标系 1 | G96 | 恒线速度控制 |
| G55 | 选择工件坐标系 2 | *G97 | 恒线速度控制取消 |
| G56 | 选择工件坐标系 3 | G98 | 每分钟进给 |
| G57 | 选择工件坐标系 4 | *G99 | 每转进给 |

注：带 * 的表示是开机时会初始化的代码。

## 3.7　如何应用快移定位指令 G00

指令格式如下：

G00 X（U）＿ Z（W）＿；

说明：这个指令是把刀具从当前位置快速移动到指令指定的位置（在绝对坐标方式下），或者移动到某个距离处（在增量坐标的情况下），应确保运动过程中无干涉现象发生。

X、Z：要求移动到的位置的绝对坐标值。

U、W：要求移动到的位置的增量坐标值。

【例 3.1】如图 3.7 所示，刀具从 $P_1$ 点快速移动到 $P_2$ 点，分别用绝对坐标和增量坐标编程。

【解】使用绝对坐标编程：

　　N10 G00 X60.0 Z-5.0;

使用增量坐标编程：

　　N10 G00 U-40.0 W-75.0;

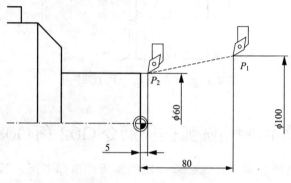

**图 3.7**　$P_1 \rightarrow P_2$ 快移定位

## 3.8　如何应用直线插补指令 G01

指令格式如下：

　　G01 X（U）__ Z（W）__ F__;

说明：直线插补以直线方式和指令给定的移动速率，从当前位置移动到指令位置。

式中，$F$——进给量，单位为 mm/r。

【例 3.2】如图 3.8 所示，刀具移动路径为 $P_2 \rightarrow P_3 \rightarrow P_4 \rightarrow P_5$，分别使用绝对坐标和增量坐标编程。

【解】使用绝对坐标编程：

| | |
|---|---|
| N10 G01 X60.0 Z-50.0 F0.2; | （点 $P_2 \rightarrow$ 点 $P_3$） |
| N20 X80.0; | （点 $P_3 \rightarrow$ 点 $P_4$） |
| N30 X100.0 Z-60.0; | （点 $P_4 \rightarrow$ 点 $P_5$） |

使用增量坐标编程：

| | |
|---|---|
| N10 G01 U0 W-55.0 F0.2; | （点 $P_2 \rightarrow$ 点 $P_3$） |
| N20 U20.0 W0; | （点 $P_3 \rightarrow$ 点 $P_4$） |
| N30 U20.0 W-10.0; | （点 $P_4 \rightarrow$ 点 $P_5$） |

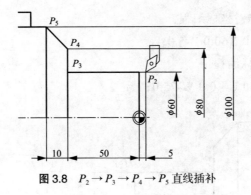

图 3.8　$P_2 \rightarrow P_3 \rightarrow P_4 \rightarrow P_5$ 直线插补

## 3.9　如何使用圆弧插补指令 G02 和 G03

进行圆弧插补时，首先必须选择圆弧所在坐标平面，其次要指定圆弧的旋转方向。数控车削加工时，刀具通常在 $XZ$ 平面内运动，因此一般无需用 G18 命令指定坐标平面；由于数控车床的刀架分为前置刀架（刀架位于机床主轴中心线和操作者之间）、后置刀架（刀架位于机床主轴中心线另一侧）两种布局，为了降低圆弧旋转方向的判断难度，可统一按后置刀架布局进行编程，如图 3.9 所示，从 $P_1 \rightarrow P_2$ 圆弧为逆时针方向，则为逆圆插补 G03；从 $P_2 \rightarrow P_1$ 圆弧为顺时针方向，则为顺圆插补 G02。

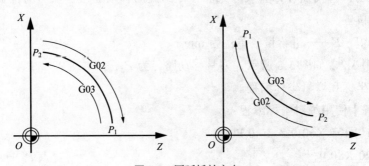

图 3.9　圆弧插补方向

指令格式如下：

　　G02/G03 X（U）__ Z（W）__ R__ F__;

或

　　G02/G03 X（U）__ Z（W）__ I__ K__ F__;

以图 3.10 为例，对各指令符号进行说明：

（1）G02——顺时针方向圆弧插补；G03——逆时针方向圆弧插补。如图 3.10 所示，从 $P_1 \rightarrow P_2$ 为逆时针方向圆弧插补。

（2）X、Z——圆弧终点的绝对坐标值；U、W 为圆弧起点到圆弧终点的坐标增量值。

（3）I、K——分别与 X、Z 相对应，为圆心相对于圆弧起点的增量坐标值，即等于圆心的坐标减去圆弧起点的坐标（注意，I 为半径值，X 向增量坐标值的一半），在绝对、增量坐标方式编程时均为增量方式指定。

（4）R——圆弧半径，同时与 I、K 使用时无效。车床加工时，一般圆心角最大为 180º，因此 R 为正值。

（5）F——圆弧插补时，沿圆弧切线方向的进给量或进给速度。

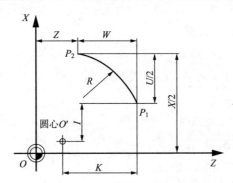

**图 3.10**　$P_1 \rightarrow P_2$ 圆弧插补中的坐标值

【例 3.3】顺时针圆弧编程举例。如图 3.11 所示，刀具移动路径为 $P_2 \rightarrow P_3 \rightarrow P_4 \rightarrow P_5$，要求编写加工程序。

【解】使用绝对坐标编程：

N10 G01 X60.0 Z-35.0 F0.2；　　　　　　　　　　　　　（$P_2 \rightarrow P_3$）

N20 G02 X100.0 Z55.0 R20（或 N20 G02 X100.0 Z-55.0 I20 K0）；

　　　　　　　　　　　　　　　　　　　　　　　　　（$P_3 \rightarrow P_4$）

N30 G01　X110.0 Z55.0；　　　　　　　　　　　　　　　（$P_4 \rightarrow P_5$）

使用增量坐标编程：

N10 G01 U0 W-40.0 F0.2；　　　　　　　　　　　　　　（$P_2 \rightarrow P_3$）

N20 G02 U40.0 W-20.0 R20（或 N20 G02 U40.0 W-20.0 I20 K0）；

　　　　　　　　　　　　　　　　　　　　　　　　　（$P_3 \rightarrow P_4$）

N30 G01 U10.0 W0；　　　　　　　　　　　　　　　　　（$P_4 \rightarrow P_5$）

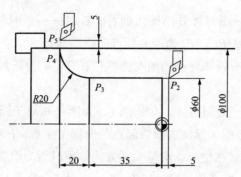

图 3.11 $P_1 \rightarrow P_2$ 圆弧插补中的坐标值

【例 3.4】逆时针圆弧编程举例。如图 3.12 所示，刀具移动路径为 $P_2 \rightarrow P_3 \rightarrow P_4 \rightarrow P_5$，要求编写加工程序。

【解】使用绝对坐标编程：

N10 G01 X60.0 Z-35.0 F0.2;　　　　　　　　　　　　　　　（$P_2 \rightarrow P_3$）

N20 G03 X90.0 Z50.0 R15（或 N20 G03 X90.0 Z-50.0 I0 K-15）;

　　　　　　　　　　　　　　　　　　　　　　　　　　（$P_3 \rightarrow P_4$）

N30 G01 X110.0 Z50.0;　　　　　　　　　　　　　　　　　（$P_4 \rightarrow P_5$）

使用增量坐标编程：

N10 G01 U0 W-40.0 F0.2;　　　　　　　　　　　　　　　　（$P_2 \rightarrow P_3$）

N20 G03 U30.0 W-15.0 R15（或 N20 G03 U30.0 W-15.0 I0 K-15）;

　　　　　　　　　　　　　　　　　　　　　　　　　　（$P_3 \rightarrow P_4$）

N30 G01 U20.0 W0;　　　　　　　　　　　　　　　　　　（$P_4 \rightarrow P_5$）

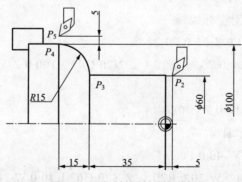

图 3.12 逆时针圆弧编程举例

## 3.10 如何应用暂停指令 G04

该指令可使刀具进给运动做短时间停顿。用于车削沟槽或钻孔时，为提高槽底或孔底的表面加工质量，在加工到槽底或孔底时，使进给暂停适当时间。

指令格式如下：

G04 P__；或 G04 X__；或 G04 U__；

式中，G04 为非模态代码，只在当前程序段有效，暂停之后继续执行下一段程序。

P、X、U——暂停时间，后面数字用整数表示，单位分别为毫秒（ms）、秒（s）和秒（s）。

例如，G04 P800；表示暂停800ms。

G04 X1.0；表示暂停1s。

G04 U1.0；表示暂停1s。

## 3.11 如何使用内外圆单次固定切削循环指令 G90

内外圆单次固定切削循环可完成"切入→切削→退刀→返回"的连续动作，即按照图3.13所示，按1→2→3→4的顺序，完成圆柱面或圆锥面的单次固定切削循环。图中步骤1（R）、4（R）为快速定位，2（F）、3（F）为切削进给。

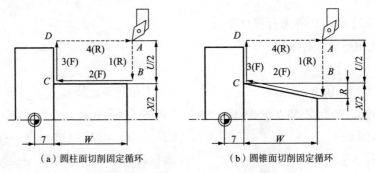

（a）圆柱面切削固定循环　　　　（b）圆锥面切削固定循环

**图3.13** 内外圆单次固定切削循环

指令格式如下：

G90 X（U）__ Z（W）__ F__；　　　　（圆柱面切削固定循环）

G90 X（U）__ Z（W）__ R__ F__；　　　（圆锥面切削固定循环）

说明：

（1）X、Z——C点的绝对坐标；U、W——即C点相对于起点A的增量坐标，即切削终点C相对于循环起点A的有向距离。

（2）R——从B点→C点车削圆锥时，起点B的X坐标减去终点C的X坐标差值的一半。当刀具起始于锥端小头时，R值为负；当刀具起始于锥端大头时，R值为正，如图3.14所示。

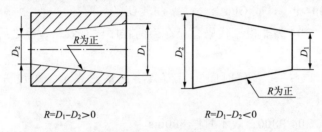

$R=D_1-D_2>0$　　　　　　$R=D_1-D_2<0$

**图3.14　R正负的判断**

【例3.5】编写图3.15所示零件圆锥面的单次固定切削循环加工程序。

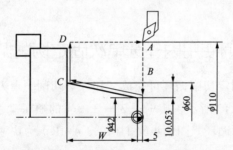

**图3.15　圆锥面单次固定切削循环举例**

【解】编写的参考程序如下。

使用绝对坐标编程：

……

G00 X110.0 Z5.0;　　　　　　　　（起刀位置A点）

G90 X90.0 Z-50.0 R-10.053 F0.2;（切削循环第一刀，刀具回到A点）

X80.0;　　　　　　　　　　　　　（第二刀，刀具回到A点。在数控编程过程中，如果本程序段与上一程序段有相同的指令则可省略，例如本程序段省略了指令：G90 Z-50.0 R-10.053 F0.2，下面以此类推）

X70.0;　　　　　　　　　　　　　（第三刀，刀具回到A点）

X60.0；　　　　　　　　　（第四刀，刀具回到 *A* 点）

……

使用增量坐标编程：

……

G00 X110.0 Z5.0；　　　　（起刀位置 *A* 点）

G90 U-20.0 W-55.0 R-10.053 F0.2；（切削循环第一刀，刀具回到 *A* 点）

U-30.0；　　　　　　　　（第二刀，刀具回到 *A* 点）

U-40.0；　　　　　　　　（第三刀，刀具回到 *A* 点）

U-50.0；　　　　　　　　（第四刀，刀具回到 *A* 点）

……

# 3.12　如何使用端面单次固定切削循环指令 G94

端面单次固定切削循环可完成"切入→切削→退刀→返回"的连续动作，即如图 3.16 所示，按 1 → 2 → 3 → 4 的顺序，完成圆柱面或圆锥面的单次固定切削循环。图中 1（R）、4（R）为快速定位，2（F）、3（F）为切削进给。

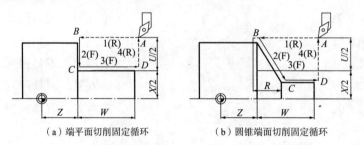

（a）端平面切削固定循环　　　　（b）圆锥端面切削固定循环

图 3.16　端面单次固定切削循环

指令格式如下：

　　G94　X（U）＿ Z（W）＿ F＿；　　　（圆柱面切削固定循环）

　　G94　X（U）＿ Z（W）＿ R＿ F＿；（圆锥面切削固定循环）

说明：

（1）*X*、*Z*——*C* 点的绝对坐标；*U*、*W*——即 *C* 点相对于起点 *A* 的增量坐标，即切削终点 *C* 相对于循环起点 *A* 的有向距离。

（2）*R*——从 *B* → *C* 车削圆锥时，起点 *B* 的 *Z* 坐标减去终点 *C* 的 *Z* 坐标所得差值。*R* 值有正、负号，编程时切削起点坐标 *Z* 值大于终点坐标 *Z*

值，$R$ 为正，反之 $R$ 为负。

【例 3.6】编写图 3.17 所示零件圆锥面的单次固定切削循环加工程序。

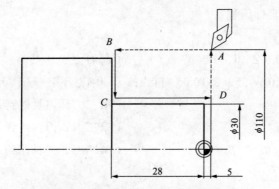

图 3.17 端平面单次固定切削循环举例

【解】编写的参考加工程序如下。

（1）使用绝对坐标编程：

......

G00 X110.0 Z5.0;                          （起刀位置 $A$ 点）

G94 X30.0 Z-5.0 F0.2;                      （切削循环第一刀（每次

                                          5mm 厚），刀具回到 $A$ 点）

Z-10.0;                                    （第二刀，刀具回到 $A$ 点）

Z-15.0;                                    （第三刀，刀具回到 $A$ 点）

Z-20.0;                                    （第四刀，刀具回到 $A$ 点）

Z-25.0;                                    （第五刀，刀具回到 $A$ 点）

Z-28.0;                                    （第六刀，刀具回到 $A$ 点）

......

（2）使用增量坐标编程：

......

G00 X110.0 Z5.0;                          （起刀位置 $A$ 点）

G94 U-80.0 W-10.0 F0.2;                    （切削循环第一刀（每次

                                          5mm 厚），刀具回到 $A$ 点）

W-15.0;                                    （第二刀，刀具回到 $A$ 点）

W-20.0;                                    （第三刀，刀具回到 $A$ 点）

W-25.0;                                    （第四刀，刀具回到 $A$ 点）

W-28.0;                                    （第五刀，刀具回到 $A$ 点）

W-31.0;                               （第六刀，刀具回到 *A* 点）

......

## 3.13　如何应用内外圆表面粗车复合循环指令 G71

　　G71 指令称为外径粗车固定循环，它适用于毛坯料粗车外径和粗车内径。在 G71 指令后跟描述零件的精加工轮廓程序，CNC 系统根据加工程序所描述的轮廓形状和 G71 指令的各个参数自动生成加工路径，将粗加工待切除料切削完成。

　　1）功　能

　　如图 3.18 所示，该指令只需指定粗加工切削深度、精加工余量和精加工路线，系统自动给出粗加工路线和加工次数，完成各外圆表面的粗加工。图中 *A* 为刀具循环起点，*A'* → *B* 为精加工路线。执行粗车循环时，刀具从 *A* 点移动到 *C* 点，开始循环，粗车循环结束后，刀具返回 *A* 点。

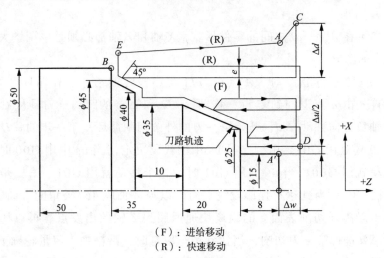

（F）：进给移动

（R）：快速移动

**图 3.18　外圆粗车循环**

　　2）指令格式

　　G71　U（Δd）R（e）；

　　G71　P（ns）Q（nf）U（Δu）W（Δw）F（f）；

其中，G71——外圆粗车循环指令。

　　Δ*d*——每刀切削深度。无正、负号，半径值。一般 45 号钢件取

　　　　　　1～2mm，铝件取 1.5～3mm。

$e$——退刀量。无正、负号，半径值。一般取 0.5～1mm。

ns——指定精加工路线的第一个程序段的段号。

nf——指定精加工路线的最后一个程序段的段号。

$\Delta u$——$X$ 方向上的精加工余量，直径值，一般取 0.5mm。加工内径轮廓时，为负值。

$\Delta w$——$Z$ 方向上的精加工余量，一般取 0.05～0.1mm。

$f$——在运行 G71 循环指令时，在顺序号 ns 到 nf 之间粗车时，执行 $F$ 所赋值的进给速度。

3）说　明

（1）在 $A \to B$ 之间的移动指令中指定的 F、S、T 功能，仅在精加工循环中有效；粗车循环使用 G71 程序段或以前指令的 F、S、T 功能。精加工形状的移动指令，直线和圆弧指令都可以指令。

（2）在 $A \to A'$ 之间的刀具轨迹，在顺序号为 ns 的程序段中指定，ns 的程序段必须为 G00 或 G01 指令，且只有 $X$ 轴的移动（不能指定 $Z$ 轴的运动）。

（3）在 $A' \to B$ 之间的零件形状，$X$ 轴和 $Z$ 轴都必须是单调增大或单调减小的图形。

（4）在程序指令时，$A$ 点在 G71 程序段之前指令。在循环开始时，刀具首先由 $A$ 点退回到 $C$ 点，移动 $\Delta u/2$ 和 $\Delta w$ 的距离。刀具从 $C$ 点沿着 $X$ 轴负方向移动 $\Delta d$，开始第一刀的外圆切削循环。第一步的移动，是用 G00 还是用 G01，由顺序号 ns 中的代码决定，当 ns 中用 G00 时，这个移动就用 G00，当 ns 中用 G01 时，这个移动就用 G01。第二步切削运动用 G01，当到达本程序段终点时，以与 $Z$ 轴成 45º 夹角的方向退出。第三步以离开切削表面 $e$ 的距离快速返回到 $Z$ 轴的出发点。再以切削深度为 $\Delta d$ 进行第二刀切削，当达到精车留量时，沿精加工留量轮廓 $DE$ 加工一刀，使精车留量均匀。最后从 $E$ 点快速返回到 $A$ 点，完成一个粗车循环。

（5）当顺序号 ns 程序段用 G00 移动时，在指令 $A$ 点时，必须保证刀具在 $Z$ 轴方向上位于零件之外。顺序号 ns 程序段，不仅用于粗车，还要用于精车时进刀，一定要确保进刀的安全。

（6）G71 指令必须带有 P、Q 地址 ns、nf，且与精加工路径起、止顺序号对应，否则不能进行该循环加工。

4）应 用

图 3.18 零件采用 G71 内外圆表面粗车复合循环编程加工，具体程序如表 3.4 所示。

表 3.4   G71 程序应用

| 程 序 | 注 释 |
| --- | --- |
| …… | 程序头 |
| G00 X52.0 Z2.0; | 刀具快速定位到循环起始点 |
| G71 U1.5 R0.5; | 粗车循环，切削深度为 1.5mm，退刀量为 0.5mm |
| G71 P70 Q150 U0.5 W0.05 F0.2; | 精车路线为 N70 ~ N150，X 向精车余量为 0.5mm，Z 向精车余量为 0.05mm |
| N70 G00 G42 X0; | 精加工轮廓第一步：快速进刀至 X0，同时加入右刀补 G42 指令 |
| G01 Z0; | 直线插补至 Z0 |
| X15.0; | 直线插补至 X15.0（车右端面） |
| Z-8.0; | 直线插补至 Z-8.0（车外圆） |
| X25.0; | 直线插补至 X25.0（车阶台） |
| X35.0 Z-20.0; | 直线插补至（X35.0，Z-20.0）（车锥面） |
| Z-30.0; | 直线插补至 Z-30.0（车外圆） |
| X40.0; | 直线插补至 X40.0（车阶台） |
| X45.0 Z-35.0; | 直线插补至（X45.0，Z-35.0）（车锥面） |
| N150 G00 G40 X52.0; | 刀具快速定位到 X52 并取消刀具半径补偿 |
| G00 X200.0 Z100.0; | 刀具移动到换刀点位置 |
| …… | 程序结尾 |
| 加工结果 |  扫二维码观看仿真视频 |

## ❖ 3.14    如何应用端面粗切复合循环指令 G72

G72 指令称为端面粗车复合循环指令。端面粗车复合循环指令的含义与 G71 类似，不同之处是刀具平行于 X 轴方向切削，它是从外径方向向轴心方向切削端面的粗车循环，该循环方式适用于长径比较小的盘类工件端面粗车。如用 93° 外圆车刀，其端面切削刃为主切削刃。

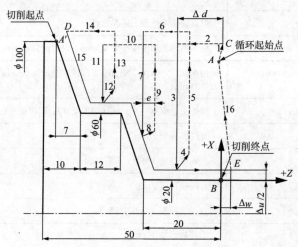

图 3.19    端面粗切复合循环指令 G72

1）指令功能

除切削是沿平行 X 轴方向进行外，该指令功能与 G71 相同，见图 3.19。

2）指令格式

G72  W（Δd）R（e）;

G72  P（ns）Q（nf）U（Δu）W（Δw）F（f）S（s）T（t）;

其中，Δd——每次循环的切削深度，模态值，直到下个指定之前均有效。也可以用参数指定。根据程序指令，参数中的值也发生变化，单位为 mm。

　　　 e——每次切削的退刀量（沿 45° 方向退刀）。模态值，在下次指定之前均有效。也可以用参数指定。根据程序指令，参数中的值也发生变化。

　　　 ns——精加工路径第一个程序段的顺序号（行号）。

　　　 nf——精加工路径最后程序段的顺序号（行号）。

　　　 Δu——X 方向精加工余量。

$\Delta w$——$Z$ 方向精加工余量。

$f$、$s$、$t$——在 G72 程序段中指令，在顺序号 ns 到 nf 的程序段中粗车时使用的 F、S、T 功能。

3）说　明

（1）在 $A \to A'$ 之间的刀具轨迹，在顺序号 ns 的程序段中指定，可以用 G00 或 G01 指令，但不能指定 $X$ 轴的运动。

（2）在 $A' \to B$ 之间的零件形状，$X$ 轴和 $Z$ 轴都必须是单调增大或单调减小的轮廓。

（3）G72 指令必须带有 P、Q 地址 ns、nf，且与精加工路径起、止顺序号对应，否则不能进行该循环加工。

（4）在顺序号为 ns 到顺序号为 nf 的程序段中，不能调用子程序。

（5）在程序指令时，$A$ 点在 G72 程序段之前指令。在循环开始时，刀具首先由 $A$ 点退回到 $C$ 点，移动 $\Delta u/2$ 和 $\Delta w$ 的距离。刀具从 $C$ 点平行于 $AA'$ 移动 $\Delta d$，开始第一刀的端面粗车循环。第一步的移动，是用 G00 还是用 G01，由顺序号 ns 中的代码决定，当 ns 中用 G00 时，这个移动就用 G00，当 ns 中用 G01 时，这个移动就用 G01。第二步切削运动用 G01，当到达本程序段终点时，以与 $X$ 轴成 45° 夹角的方向退出。第四步以离开切削表面 e 的距离快速返回到 $X$ 轴的出发点。再以切削深度为 $\Delta d$ 进行第二刀切削，当达到精车留量时，沿精加工留量轮廓 $DE$ 加工一刀，使精车留量均匀。最后从 $E$ 点快速返回到 $A$ 点，完成一个粗车循环。

（6）当顺序号 ns 程序段用 G00 移动时，在指令 $A$ 点时，必须保证刀具在 $X$ 方向上位于零件之外。顺序号 ns 的程序段，不仅用于粗车，还要用于精车时进刀，一定要保证进刀的安全。

4）应　用

图 3.19 零件采用 G72 台阶粗车复合循环编程加工，程序如表 3.5 所示。

表 3.5　G72 程序应用

| 程　序 | 注　释 |
| --- | --- |
| …… | 程序头 |
| G00 X102.0 Z2.0; | 刀具快速定位到循环起始点 |
| G72 W2 R1; | 粗车循环，切削深度 2mm，退刀量 1mm |
| G72 P70 Q150 U0.5 W0.05 F0.1; | 精车路线为 N70～N150，$X$ 向精车余量为 0.5mm，$Z$ 向精车余量为 0.05mm |

续表 3.5

| 程　序 | 注　释 |
|---|---|
| N70 G00 Z-47.0; | 精加工轮廓第一步：快速定位至 Z-47.0 |
| G01 G42 X100.0; | 直线插补至 X100.0，同时加入右刀补 G42 指令 |
| G01 X60 Z-40.0; | 直线插补至（X60.0，Z-40.0）（车锥面） |
| Z-28.0; | 直线插补至 Z-28.0（车外圆） |
| X20.0 Z-20.0; | 直线插补至（X20.0，Z-20.0）（车锥面） |
| N150 Z2.0; | 精加工轮廓最后一步：直线插补至（X35，Z-20.0）（车外圆） |
| G00 G40 X102.0; | 刀具快速定位到（X200，Z100）并取消刀具半径补偿 |
| G00 X200.0 Z100.0; | 刀具移动到换刀点位置 |
| …… | 程序结尾 |
| 加工结果 |  扫二维码观看仿真视频 |

## 3.15　如何应用成形加工复合循环指令 G73

G73 指令称为成形加工复合循环指令，也称固定形状粗车循环，又称平移粗车循环。它可以按零件轮廓的形状重复车削，每次平移一个距离，直至达到零件要求的位置。这种车削循环，对余量均匀，如锻造、铸造等毛坯的零件是适宜的。当然 G73 指令也可以用于加工普通未切除的棒料毛坯。

1）功　能

如图 3.20 所示，该指令指定粗加工循环次数、精加工余量和精加工路线，系统自动计算出粗加工的切削深度，给出粗加工路线，完成各外圆表面的粗加工。

图中 A 为刀具循环起点，该点应距离工件 1~2mm。执行粗车循环时，刀具从 A 点移动到 C 点，开始循环，粗车循环结束后，刀具返回 A 点。

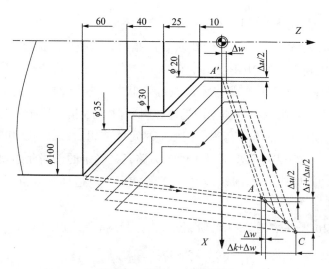

图 3.20 成形加工复合循环

2）指令格式

G73 U（Δi）W（Δk）R（d）；

G73 P（ns）Q（nf）U（Δu）W（Δw）F（f）S（s）T（t）；

其中，G73 ——成形加工复合循环指令。

  Δi——X 方向毛坯切削余量（半径值指定）。正值、模态值，直到下
    个指定之前均有效。根据程序指令，参数中的值也发生变化。

  Δk——Z 方向毛坯切削余量；正值、模态值，直到下个指定之前均
    有效。

  d——粗切循环的次数。模态值，直到下个指定之前均有效。

  ns——精加工路径第一程序段的顺序号（行号）。

  nf——精加工路径最后程序段的顺序号（行号）。

  Δu——X 轴方向精加工余量的留量和方向（随直径或半径指定而定）。

  Δw——Z 轴方向精加工余量的留量和方向。

  f、s、t——在 G73 程序段中指令，在顺序号为 ns 到顺序号为 nf 的程
    序段中粗车时使用的 F、S、T 功能。

3）说 明

（1）f、s 和 t。顺序号 ns 到 nf 程序段中的任何 F、S 或 T 功能被忽略，
而在 G73 程序段中的 F、S、T 功能有效。

（2）G73 指令必须带有 P、Q 地址 ns、nf，且与精加工路径起、止顺
序号对应，否则不能进行该循环加工。在顺序号为 ns 到顺序号为 nf 的程

序段中，不能调用子程序。

（3）ns 的程序段必须为 G00 或 G01 指令，否则机床报警。

（4）在 MDI 方式中不能指令 G73，如果指令了则机床报警。

（5）适用于毛坯形状与零件轮廓形状基本接近的铸、锻件毛坯件。
G73 同样可以切削没有预加工的毛坯棒料。但 G73 指令用于未切除余量的
棒料时，会有较多的空刀行程，因此应尽可能使用 G71、G72 切除余料。

（6）由于 G73 在每次循环中的走刀路径是确定的，因此必须使循环起
刀点与工件间保持一段距离，加工循环结束，刀具返回到 A 点。

4）应　用

图 3.20 零件采用 G73 台阶粗车复合循环指令编程加工，具体程序如
表 3.6 所示。

表 3.6　G73 程序应用

| 程　序 | 注　释 |
| --- | --- |
| …… | 程序头 |
| G00 X102.0 Z2.0; | 刀具快速定位到循环起始点 |
| G73 U40.0 W10.0 R15； | 成形加工重复循环，X 向（半径）切削余量 40mm，Z 向切削余量 10mm，粗切循环共 15 次 |
| G73 P70 Q150 U0.5 W0.05 F0.1； | 精车路线为 N70～N150，X 向精车余量 0.5mm，Z 向精车余量 0.05mm |
| N70 G00 G42 X40.0 Z2.0； | 精加工轮廓第一步：快速定位至（X40, Z2），同时加入右刀补 G42 指令 |
| G01 Z-10.0； | 直线插补至 Z-10 |
| X60.0 Z-25.0； | 直线插补至（X60, Z-25）（车锥面） |
| 7-40.0； | 直线插补至 Z-40（车外圆） |
| X70.0； | 直线插补至 X70（车台阶） |
| G01 X100.0 Z-60.0； | 直线插补至（X100, Z-60）（车锥面） |
| N150 G00 G40.0 X102.0； | 精加工轮廓最后一步：刀具快速定位到 X102，并取消刀具半径补偿 |
| G00 X200.0 Z100.0； | 刀具移动到换到点位置 |
| …… | 程序结尾 |
| 加工结果 | 扫二维码观看仿真视频 |

## 3.16 如何应用精车复合循环指令 G70

精车复合循环指令 G70 与粗车复合循环指令 G71、G72 或 G73 配合使用，用于完成被加工轮廓的精加工。

1）功 能

用该精加工循环指令切除 G71 或 G73 指令粗加工后留下的加工余量，如图 3.21 所示。

2）指令格式

G70 P（ns）Q（nf）；

其中，G70——精加工循环指令；

ns——指定精加工路线的第一程序段的顺序号；

nf——指定精加工路线的最后一程序段的顺序号。

3）说 明

在精车循环 G70 状态下，顺序号 ns 至 nf 程序中指定的 F、S、T 功能有效；当 ns 至 nf 程序中不指定 F、S 功能时，粗车循环（G71、G72、G73）中指定的 F、S、T 功能有效。

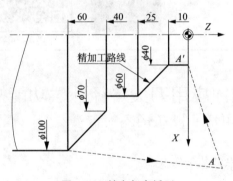

图 3.21 精车复合循环

4）应 用

图 3.21 所示零件采用 G70 台阶粗车复合循环指令编程加工，具体程序如表 3.7 所示。

表 3.7 G70 程序应用

| 程 序 | 注 释 |
| --- | --- |
| …… | 程序头 |
| G00 X102.0 Z2.0; | 刀具快速定位到循环起始点 |

续表 3.7

| 程　序 | 注　释 |
|---|---|
| G73 U40.0 W10.0 R15；<br>G73 P70 Q150 U0.5 W0.05 F0.1； | G73 成形加工复合循环进行零件的粗加工参数定义 |
| N70 G00 G42 X40.0 Z2.0； | 加入半径补偿 |
| G01 Z-10.0； | 加工 $\phi$10mm 外圆 |
| X60 Z-25.0； | 加工右侧锥面 |
| Z-40.0； | 加工 $\phi$60mm 外圆 |
| X70.0； | 加工 $\phi$70mm 端面 |
| G01 X100.0 Z-60.0； | 加工左侧锥面 |
| N150 G00 G40.0 X102.0； | 取消刀具补偿 |
| G70 P70 Q150 F0.1； | G70 精车复合循环：精加工轮廓 |
| G00 X200.0 Z100.0； | 刀具移动到换刀点位置 |
| …… | 程序结尾 |
| 加工结果 |  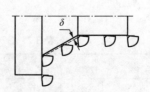<br>扫二维码观看仿真视频 |

## ⸙ 3.17　如何应用刀尖半径补偿功能指令 G40/G41/G42

### 1. 刀尖圆弧半径补偿概念

为了延长车刀使用寿命，选用刀具的刀尖不可能是绝对尖锐，总有一个圆弧过渡刃，如图 3.22（a）所示。因此，刀具车削时，实际切削点是过渡刃圆弧与工件轮廓表面的切点。

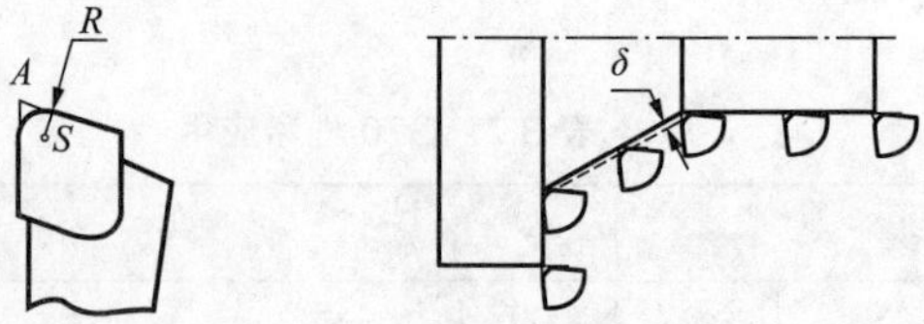

（a）假想刀尖与圆弧过渡刃　　（b）车圆锥产生的误差

图 3.22　刀尖圆弧

如图 3.22（b）所示，车外圆、端面时，刀具实际切削刃的轨迹与工件轮廓一致，并无误差产生。车削锥面时，工件轮廓为实线，实际车出形状为虚线，产生欠切误差 δ。若工件精度要求不高或留有精加工余量，可忽略此误差；否则应考虑刀尖圆弧半径对工件形状的影响。

一般数控系统中均具有刀具补偿功能，可对刀尖圆弧半径引起的误差进行补偿，称刀具半径补偿。

### 2．刀具半径的补偿方法

刀具半径补偿的方法是在加工前，通过机床数控系统的操作面板向系统存储器中输入刀具半径补偿的相关参数，即刀尖圆弧半径 R 和刀尖方位 T。

编程时，按零件轮廓编程，并在程序中采用刀具半径补偿指令。当系统执行程序中的半径补偿指令时，数控装置读取存储器中相应刀具号的半径补偿参数，刀具自动沿刀尖方位 T 方向，偏离工件轮廓一个刀尖圆弧半径值 R，如图 3.23 所示，刀具按刀尖圆弧圆心轨迹运动，加工出所要求的工件轮廓。

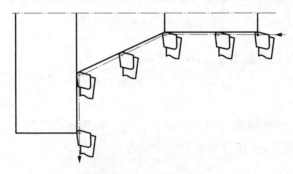

图 3.23　刀尖圆弧半径补偿

### 3．刀具半径补偿参数及设置

（1）刀尖半径。补偿刀尖圆弧半径大小时，刀具自动偏离工件轮廓半径距离。因此，必须将刀尖圆弧半径尺寸值输入系统的存储器中。一般粗加工取 0.8mm，半精加工取 0.4mm，精加工取 0.2mm，若粗、精加工采用同一把刀，一般刀尖半径取 0.4mm。

（2）车刀形状和位置。车刀形状不同，决定刀尖圆弧所处的位置不同，执行刀具补偿时，刀具自动偏离工件轮廓的方向也就不同。因此，也要把代表车刀形状和位置的参数输入到存储器中。车刀形状和位置参数称为刀尖方位 T，如图 3.24 所示，共有 9 种，分别用参数 0～9 表示，P 为理论刀尖点。CKA6150 数控机床常用刀尖方位 T 为：外圆右偏刀 T=3，镗孔右偏刀 T=2。

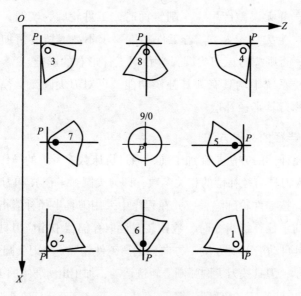

图 3.24　车刀的形状和位置

### 4. 刀具半径补偿指令（G41、G42、G40）

如图 3.25 所示，顺着刀具运动方向看，工件在刀具的左边称左补偿，使用 G41 左补偿指令；工件在刀具的右边称右补偿，使用 G42 为刀具的右补偿指令。G40 为取消刀具半径补偿指令，使用该指令后，G41、G42 指令失效，即假想刀尖轨迹与编程轨迹重合。

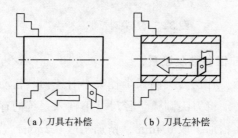

（a）刀具右补偿　　　　（b）刀具左补偿

图 3.25　刀具半径补偿

指令格式如下：

$$\left.\begin{matrix} \text{G41} \\ \text{G42} \\ \text{G40} \end{matrix}\right\} \left.\begin{matrix} \text{G01} \\ \text{G00} \end{matrix}\right\} X\underline{\quad} Z\underline{\quad};$$

其中，$X$、$Z$ ——建立（G41、G42）或取消（G40）刀具补偿程序段中，刀具移动的终点坐标。

说明：

（1）G41、G42、G40指令与G01、G00指令可在同程序段出现，通过直线运动建立或取消刀具补偿。

（2）G41、G42、G40为模态指令。

（3）G41、G42不能同时使用，即在程序中，前面程序段有了G41就不能继续使用G42，必须先用G40指令解除G41刀具补偿状态后，才可使用G42刀具补偿指令。

**5. 刀具半径补偿的其他应用**

（1）当刀具磨损或刀具重磨后，刀尖圆弧半径变大，只需重新设置刀尖圆弧半径的补偿量，而不必修改程序。

（2）应用刀具半径补偿，可使用同一加工程序，对零件轮廓分别进行粗、精加工。若精加工余量为 $\Delta$，则粗加工时设置补偿量为 $r+\Delta$，精加工时设置补偿量为 $r$ 即可。

# 3.18　如何应用单次螺纹切削指令 G32

指令格式如下：

　　G32 X（U）__ Z（W）__ F__；

其中，$X$、$Z$——螺纹编程终点的 $X$、$Z$ 向坐标，单位为 mm。

　　　　$U$、$W$——螺纹编程终点相对编程起点的 $X$、$Z$ 向相对坐标，单位为 mm，均为直径值。

　　　　$F$——螺纹导程，单位为 mm。

单行程螺纹切削指令 G32 加工轨迹如图 3.26 所示。

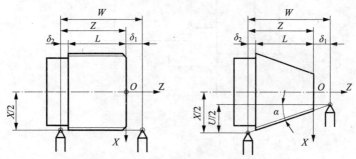

图 3.26　单行程螺纹切削指令 G32

使用 G32 指令加工固定导程的圆柱螺纹或圆锥螺纹，也可用于加工端面螺纹。

编程要点如下：

（1）G32 指令的进刀方式为直进式。

（2）螺纹切削时不能使用主轴线速度恒定指令 G96。

（3）切削斜角 $\alpha$ 在 45º 以下切削圆锥螺纹时，螺纹导程以 Z 方向指定。

图 3.27 中 A 点是螺纹加工的起点，B 点是单行程螺纹切削指令 G32 的起点，C 点是单行程螺纹切削指令 G32 的终点，D 点是 X 向退刀的终点。①是用 G00 进刀，②是用 G32 指令车螺纹，③是用 G00 指令 X 向退刀，④是用 G00 指令 Z 向退刀。

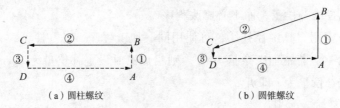

（a）圆柱螺纹　　　　　　　　（b）圆锥螺纹

**图 3.27**　单行程螺纹切削指令 G32 进刀路径

【例 3.7】圆柱螺纹加工示例。如图 3.28 所示，螺纹外径已车削至 29.8mm，4mm × 2mm 的退刀槽已加工，工件材料为 45 号钢。用 G32 指令编制该螺纹的加工程序。

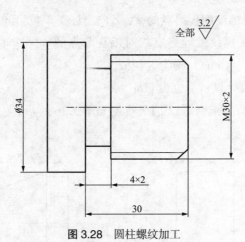

**图 3.28**　圆柱螺纹加工

【解】（1）螺纹加工尺寸计算。

为避免车削螺纹时挤压零件使直径变大，一般将螺纹外径在公称直径基础上减去 0.2mm，因此公称直径加工尺寸 $d_{加}$= d-0.2=30-0.2=29.8（mm）。

螺纹实际牙型高度 $h_{1实}$=0.65P=0.65×2=1.3（mm）。

螺纹实际小径 $d_{1计}$=d-1.3P=30-1.3×2=27.4（mm）。

（2）确定切削用量。

螺纹加工走刀次数与分层切削余量查表 5.4 得双边切削深度为 1.299×2≈2.6mm，分五刀切削，分别为 0.9mm、0.6mm、0.6mm、0.4mm、0.1mm。

切削速度 $n ≤ 1200/P-K$=1200/2-80=520（r/min），在初学者操作时，一般选用较小的转速，取 n=400（r/min）。（K 为保险系数，一般取 80）

进给量 F=P=2mm。

（3）参考程序。

参考程序见表 3.8。

表 3.8　G32 指令加工图 3.28 圆柱螺纹参考程序

| 程序内容 | 注　释 |
| --- | --- |
| O4001 | 程序号 |
| N10　G40 G97 G99 S400 M03; | 主轴正转 400 r/min |
| N20　T0404; | 螺纹刀 T04 |
| N30　M08; | 切削液开 |
| N40　G00 X32.0 Z5.0; | 螺纹加工的起点 |
| N50　X29.1; | 自螺纹大径 30mm 进第一刀，切削深度为 0.9mm |
| N60　G32 Z-28.0 F2.0; | 螺纹车削第一刀，螺距为 2mm |
| N70　G00 X32.0; | X 向退刀 |
| N80　Z5.0; | Z 向退刀 |
| N90　X28.5; | 进第二刀，切削深度为 0.6mm |
| N100　G32 Z-28.0 F2.0; | 螺纹车削第二刀，螺距为 2mm |
| N110　G00 X32.0; | X 向退刀 |
| N120　Z5.0; | Z 向退刀 |
| N130　X27.9; | 进第三刀，切削深度为 0.6mm |
| N140　G32 Z-20.0 F2.0; | 螺纹车削第三刀，螺距为 2mm |
| N150　G00 X32.0; | X 向退刀 |
| N160　Z5.0; | Z 向退刀 |
| N170　X27.5; | 进第四刀，切削深度为 0.4mm |
| N180　G32 Z-28.0 F2.0; | 螺纹车削第四刀，螺距为 2mm |
| N190　G00 X32.0; | X 向退刀 |
| N200　Z5.0; | Z 向退刀 |
| N210　X27.4; | 进第五刀，切削深度为 0.1mm |
| N220　G32 Z-28.0 F2.0; | 螺纹车削第五刀，螺距为 2mm |
| N230　G00 X32.0; | X 向退刀 |
| N240　Z5.0; | Z 向退刀 |
| N250　X27.1; | 光一刀切削深度为 0mm |
| N260　G32 Z-28.0 F2.0; | 光一刀，螺距为 2mm |
| N270　G00 X200.0; | X 向退刀 |
| N280　Z100.0; | Z 向退刀，回换刀点 |
| N290　M30; | 程序结束 |

## 3.19 如何应用单次螺纹固定切削循环指令 G92

通过前面例题可以看出，使用 G32 加工螺纹需多次进刀，程序较长，容易出错。为此数控车床一般均在数控系统中设置了螺纹切削循环指令 G92。

指令格式如下：

G92 X（U）__ Z（W）__ I（R）__ F__；

其中，X、Z——螺纹终点的绝对坐标值，单位为 mm。

U、W——螺纹终点的相对起点坐标值，单位为 mm。

F——螺纹导程，单位为 mm。

I（R）——圆锥螺纹起点半径与终点半径的差值，单位为 mm。其值的正负判断方法与 G90 相同，圆锥螺纹终点半径大于起点半径时 I（R）为负值；圆锥螺纹终点半径小于起点半径时 I（R）为正值。圆柱螺纹 I=0，可省略，如图 3.29 所示。

圆柱螺纹指令格式：

G92 X（U）__ Z（W）__ F__；

圆锥螺纹指令格式：

G92 X（U）__ Z（W）__ I（R）__ F__；

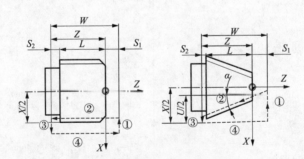

**图 3.29** 螺纹切削循环指令 G92

G92 指令用于单一循环加工螺纹，其循环路线与内外圆表面粗车复合循环基本相同。如图 3.29 所示，G92 螺纹切削路径中除螺纹车削②为进给运动外，其他运动（循环起点进刀①、螺纹切削终点 X 向退刀③、Z 向退刀④）均为快速运动。该指令是切削圆柱螺纹和圆锥螺纹时使用最多的螺纹切削指令。G92 是 FANUC 0i 或 0T 系统中使用最多的螺纹加工指令。

【例 3.8】圆柱螺纹加工示例。

如图 3.28 所示零件，螺纹外径已车削至 29.8mm，4mm×2mm 的退刀槽已加工，工件材料为 45 号钢。用 G92 编制该螺纹的加工程序。

编程步骤如下。

（1）螺纹加工尺寸计算。

同问题 3.18 所述：实际车削时的外圆柱面的直径 $d_{计}$=29.8mm，螺纹实际牙型高度 $h_{1实}$=1.3mm，螺纹实际小径 $d_{1计}$=27.4mm。

（2）确定切削用量。

同问题 3.15 得：螺纹加工分五刀切削，分别为（0.9、0.6、0.6、0.4、0.1）mm，切削速度 $n$=400 r/min，进给量 $F$ = 2mm。

（3）参考程序。

参考程序见表 3.9。

表 3.9  G92 指令加工图 3.28 圆柱螺纹参考程序

| 程序内容 | 注　释 |
| --- | --- |
| O5004 | 程序号 |
| N10 G40 G97 G99 S400 M03； | 主轴正转转速为 400 r/min |
| N20 T0404； | 螺纹刀 T04 |
| N30 M08； | 切削液开 |
| N40 G00 X31.0 Z5.0； | 螺纹加工循环起点 |
| N50 G92 X29.1 Z-28.0 F2.0； | 螺纹车削循环第一刀，切削深度为 0.9mm，螺距为 2mm |
| N60 X28.5； | 第二刀，切削深度为 0.6mm |
| N70 X27.9； | 第三刀，切削深度为 0.6mm |
| N80 X27.5； | 第四刀，切削深度为 0.4mm |
| N90 X27.4； | 第五刀，切削深度为 0.1mm |
| N100 X27.4 | 光刀，切削深度为 0mm |
| N110 G00 X200.0 Z100.0； | 回换刀点 |
| N120 M30； | 程序结束 |

# 第**4**章
# 数控车床基本操作

## 4.1  数控车削加工主要安全措施有哪些

数控车床及车削加工的主要安全操作规程有以下内容：

（1）操作车床前，一定要穿戴好劳保用品，包括穿工作服、劳保鞋，戴安全帽和防护眼镜，如图 4.1 所示。

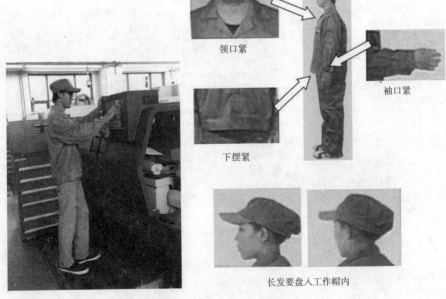

领口紧

袖口紧

下摆紧

长发要盘入工作帽内

图 4.1  穿戴劳保用品及其要求

穿戴劳动保护用品要求如下：作业前，操作者要穿着紧身防护服，袖口扣紧，上衣下摆不能敞开，严禁戴手套或围巾、穿高跟鞋、拖鞋上岗，不得在开动的机床旁穿、脱换衣服，或围布于身上，防止发生机器绞伤事故。长头发员工必须戴好安全帽，辫子应放入帽内，不得穿裙子、拖鞋。要戴好防护镜，以防铁屑飞溅伤眼。

（2）如图 4.2 所示，操作数控车床前，操作者必须熟知数控车床控制面板中每个按钮的作用及安全操作注意事项，必须认真仔细检查机床各部件和防护装置是否完好，是否安全可靠，并作低速空载运行 2~3min，检查机床运转是否正常。加工结束后，按要求认真对数控机床进行润滑保养。

**图 4.2** 车床控制面板

（3）使用车床时，应当注意车床各个部位警示牌上所警示的内容，如表 4.1 所示。

表 4.1 机械加工警示牌

| 图示 | 说明 | 图示 | 说明 |
|---|---|---|---|
|  | 机床自动运动时，工件和刀具都不能更换 |  | 请使用回转动平衡良好的刀具、刀柄及附件等 |
|  | 请不要触动螺旋排屑器，进入机床内必须停止螺旋排屑器旋转 |  | 刀具旋转危险，不可接近其运动范围 |

| 图 示 | 说 明 | 图 示 | 说 明 |
|---|---|---|---|
|  | 禁止进入机床可动区域 |  | 机床防护门尚未关闭前不要操作机床，否则易导致严重伤害 |

（4）如图 4.3 所示，工件装夹完成后将"三爪扳手"放回原位，绝对不允许将工具留在车床内。

（a）危 险　　　　　　　　　　（b）安 全

图 4.3　工件装夹完成后将三爪扳手必须取出

（5）如图 4.4 所示，加工前必须关上车床的防护门，防止切屑和油液溅出。

图 4.4　从防护门观察窗观察车削加工进度

（6）如图4.5所示，车床运转过程中，不要清除切屑，避免用手接触车床运动部件。

（a）车削中　　　　　　　　　　　（b）车削结束

**图4.5** 车削加工过程

（7）如图4.6所示，要测量工件时，必须在车床停止状态下进行。

**图4.6** 工件测量

（8）操作数控系统面板时，对各按键及开关的操作不得用力过猛，更不允许用扳手或其他工具进行操作。

（9）首件加工，编程完成后，要做模拟试运行，以防止正式操作时发生撞坏刀具、工件或设备等事故。

（10）在数控车削过程中，因观察加工过程的时间多于操作时间，不允许操作者随意离开岗位，以确保安全。

（11）操作数控系统面板及操作数控机床时，严禁两人同时操作。

（12）自动运行加工时，操作者应集中注意力，一只手放在程序停止按钮上，眼睛观察刀尖运动情况，另一只手控制修调开关，控制机床拖板运行速率，发现问题及时按下"程序停止"按钮，以确保刀具和数控机床安全，防止各类事故发生。

## 4.2 数控车床操作面板的功能分别是什么

数控车床的类型和数控系统的种类有很多，以及各生产厂家设计的操作面板也不尽相同，但操作面板中各种旋钮、按钮和键盘上按键的基本功能与使用方法大致相同。下面以 FANUC 0-TC 系统为例，介绍数控车床的基本操作方法。

### 1. CRT/MDI 面板（CRT ／ MDI 面板由 CRT 显示器和 MDI 键盘组成）

图 4.7 是某卧式数控车床操作面板，上半部分是弱电操作面板，直接与数控系统连接与通讯，称为 CRT/MDI 面板（图 4.8）；下半部分是强电操作面板，通过面板上的按钮与开关直接控制机床工作，又称为机械操作面板（图 4.9）。

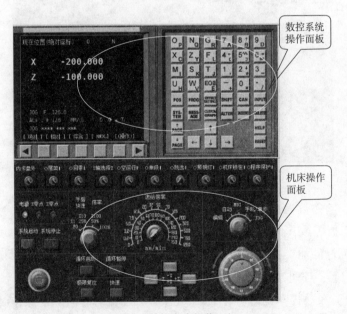

图 4.7 数控车床操作面板

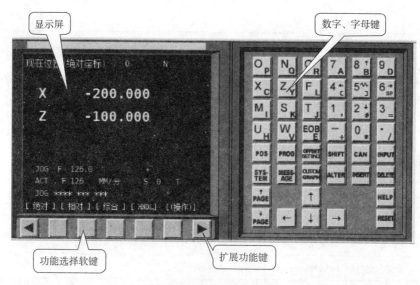

图 4.8  CRT ／ MDI 面板

图 4.9  机械操作面板

（1）CRT ／ MDI 面板上功能键说明见表 4.2。

表 4.2  主功能键的功能

| 键 | 名 称 | 功能说明 |
| --- | --- | --- |
| RESET | 复位键 | 按下此键，复位 CNC 系统。包括取消报警、主轴故障复位、中途退出自动操作循环和中途退出输入、输出过程等 |
| ←↑→↓ | 光标移动键 | 移动光标至编辑处 |
| PAGE ↑ | 页面转换键 | CRT 画面向前变换页面 |

| 键 | 名　称 | 功能说明 |
|---|---|---|
| PAGE ↓ | 页面转换键 | CRT 画面向后变换页面 |
| 数字 / 字母 | 地址和数字键 | 按下这些键，输入字母、数字和其他字符 |
| POS | 位置显示键 | 在 CRT 上显示机床现在的位置 |
| PROG | 程序键 | 在编辑方式，编辑和显示内存中的程序；<br>在 MDI 方式，输入和显示 MDI 数据；<br>在自动方式，指令值显示 |
| OFFSET SETTNG | 加工补偿设定键 | 偏置值设定和显示 |
| SYSTEM | 自诊断参数键 | 参数设定和显示，诊断数据显示 |
| MESSAGE | 报警号显示键 | 报警号显示及软件操作面板的设定和显示 |
| CUSTOM GRAPH | 图形显示键 | 图形显示功能 |
| INPUT | 输入键 | 用于参数或偏置值的输入；启动 I/O 设备的输入；MDI 方式下的指令数据的输入 |
| SHIFT | 切换键 | 切换按键输出的字符 |
| ALTER | 修改键 | 修改存储器中程序的字符或符号 |
| INSERT | 插入键 | 在光标后插入字符或符号 |
| CAN | 取消键 | 取消已输入缓冲器的字符或符号 |
| DELETE | 删除键 | 删除存储器中程序的字符或符号 |
| HELP | 帮助键 | 显示帮助信息 |

（2）了功能键。

CRT 显示器下有五个子功能键，与显示器屏幕内下方的五个软键位置相互对应，随主功能状态不同，相应的软键有不同的含义，故称其为主功能状态下的子功能键。

**2. 机械操作面板**

1）面板指示灯

这些指示灯（图 4.10）分别表示电源指示灯、报警指示灯、刀具定位指示灯、卡盘夹紧指示灯、$X$ 轴回参考点指示灯、$Z$ 轴回参考点指示灯、低排档指示灯和高排档指示灯。

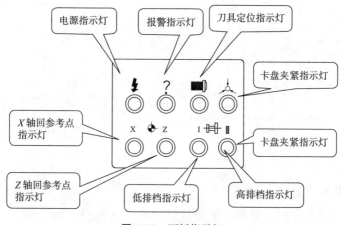

图 4.10  面板指示灯

2）操作方式选择开关

数控车床常用的操作模式有：选择回参考点（HOME）、示教（TEACH IN JOG）、手动（JOG）、单步进给（STEP）、手动数据输入（MDI）、自动循环（AUTO）和程序编辑（EDIT）七种操作方式（图 4.11）。

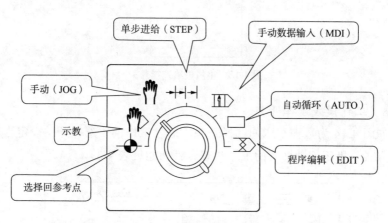

图 4.11  操作方式选择开关

3）倍率开关

图 4.12 分别表示进给倍率修调旋钮、主轴倍率修调旋钮和快速进给倍率修调旋钮，用这些旋钮分别调整切削进给速度、主轴转速和快速进给速度。

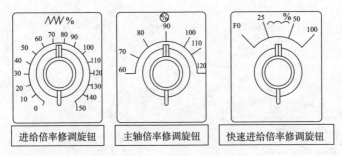

图 4.12    倍率修调旋钮

4）单步进给选择开关

如图 4.13 所示，单步增量进给选择开关有四档：1μ、10μ、100μ 和 1000μ。通过单步增量进给选择开关设定增量进给值后，每按一次手动进给按钮，刀具移动的距离为增量进给选择开关指定的增量进给值（步距当量）。

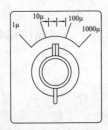

图 4.13    增量进给选择开关

5）工作模式选择开关

如图 4.14 为数控车床的选择开关，通过工作模式选择开关设定程序的运行方式、机床辅助设备的工作状态，其功能见表 4.3。

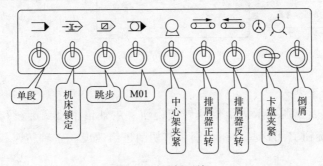

图 4.14    选择开关

表 4.3　选择开关功能表

| 名　称 | 功　能 |
|--------|--------|
| 单　段 | 开关处于 ON 状态下，每按一次循环启动按钮，则执行一段程序段 |
| 机床锁定 | 开关处于 ON 状态下，机床运动指令锁住，机床不能运动 |
| 跳　步 | 开关处于 ON 状态下，跳过"／"记号程序段 |
| M01 | 开关处于 ON 状态下，执行 M01 指令，程序运行暂停 |
| 中心架夹紧 | 开关处于 ON 状态下，中心架手动夹紧 |
| 排屑器正转 | 开关处于 ON 状态下，排屑器按正转方向运转 |
| 排屑器反转 | 开关处于 ON 状态下，排屑器按反转方向运转 |
| 卡盘夹紧 | 开关向右，外圆夹紧；开关向左，内圆夹紧 |
| 倒　屑 | 开关处于 ON 状态下，倒屑 |

6）选择按钮功能

图 4.15 为数控车床的选择按钮，这些选择按钮的作用是控制程序的运行、尾架的夹紧与松开、手动换刀以及排除超程故障。其功能见表 4.4。

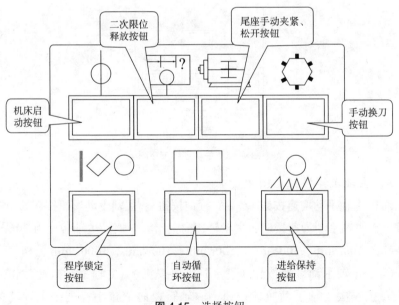

图 4.15　选择按钮

表 4.4  选择按钮功能表

| 名　称 | 功　能 |
|---|---|
| 机床启动按钮 | 按下此按钮，机床的液压系统启动，机床处于工作状态 |
| 二次限位释放按钮 | 此按钮在机床超程报警时起作用。按下此按钮，机床超程报警消失，再进行正常的手动操作，待刀架退到正常工作区域内后释放此按钮 |
| 尾座手动夹紧、松开按钮 | 该按钮交替按下即为尾座的手动夹紧和放松，尾座夹紧时，按钮指示灯亮，该按钮在自动方式时无作用 |
| 手动换刀按钮 | 按下此按钮，刀架转过一个工位 |
| 程序锁定按钮 | 该锁定按钮有效时，才能进行程序的编辑及存储 |
| 自动循环按钮 | 在自动方式时按下该按钮，机床进入自动循环状态，此时按钮指示灯亮，同时进给保持按钮指示灯熄灭；在 MDI 方式下按下此按钮，机床执行被编制的指令 |
| 进给保持按钮 | 在运行期间，按下此按钮，按钮指示灯亮而循环启动按钮灯灭，此时进给立即停止或执行完 M、S、T 指令后停止进给 |

7）手动进给按钮

如图 4.16 所示，四个方向键分别控制刀架的纵向和横向运动，同时按中间键与方向键，则控制刀架快速运动。

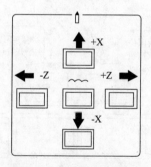

图 4.16  手动进给按钮图

8）主轴操作按钮（图 4.17）

（1）主轴手动增速按钮（"＋"标记按钮）。主轴手动增速按钮的功能是每按一次主轴手动增速按钮，主轴转速向上增大一档，主轴转速为 30r/min，50r/min，100r/min，300r/min，500r/min，700r/min，1000r/min 七档。

（2）主轴手动减速按钮（"－"标记按钮）。主轴手动减速按钮的功能是每按一次主轴手动减速按钮，主轴转速向下减小一档，主轴转速为 1000r/min，700r/min，500r/min，300r/min，100r/min，50r/min，30r/min 七档。

（3）其余按钮。其余按钮分别为主轴点动、主轴正转、主轴停和主轴反转按钮。

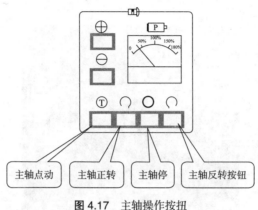

主轴点动 ｜ 主轴正转 ｜ 主轴停 ｜ 主轴反转按钮

**图 4.17　主轴操作按扭**

## 4.3　数控车削加工前有哪些准备工作

### 1. 编写零件加工程序并完成校验

如图 4.18 所示，在数控机床上加工零件，不管数控机床使用的是何种操作系统，必须要有与数控机床相适应的数控加工程序。首先分析零件图，根据零件图的技术要求来分析加工工艺路线，确定加工步骤，合理选择加工中每一道工序中要使用的刀具以及加工中的切削用量参数，并进行与数控加工程序相关的数学处理，再根据所确定的工艺路线与零件加工步骤来编写程序。

**图 4.18　数控车削程序编写及校验流程**

### 2. 加工材料及刀具、夹具的准备

如图 4.19 所示，程序校验通过以后，接下来就是加工材料、刀具和夹具的准备。这一步工作做得如何，将直接影响后续数控操作的效率。数控车床加工用的材料有铝材、尼龙棒、钢材、石蜡、硬木砧板等，形状主要为圆柱棒料。刀具的选择原则是：根据零件的形状、材质和技术要求不同，选择不同类型的刀具来加工。夹具主要用三爪卡盘（毛坯为圆柱棒料时）。

但是在实际数控机床加工应用中，要综合考虑数控机床的技术要求、夹具的特点、工件材料的性能、加工工序、切削用量以及其他相关因素来正确选用刀具和夹具。

图 4.19  加工材料及刀具、夹具的准备

### 3. 数控机床的调整与对刀

编写完数控加工程序，准备好零件材料以及选择恰当的刀具后，要对数控机床进行调整、润滑、检查等工作，以确保数控机床的性能。然后再进行对刀，使数控机床上每一把刀具的刀位点在刀架转位后或换刀后，每把刀的刀位点的位置都重合在同一点。在对刀完成后即进行零件的试加工，以检验程序与对刀的精确性，如果试加工的零件的尺寸精度与形位公差不符合图纸要求，则要进行刀具偏差的微量调整，然后再进行试加工，一直到所加工的零件符合图纸要求。通过试加工以后，就可以对该零件进行批量加工了。一个数控加工的零件是否合格，数控机床的对刀和加工参数调整起到关键的作用。

### 4. 做好安全准备工作

认真检查机床上的防护、保险、机械传动部分、电气部分防护装置、卡盘是否安全可靠，电器开关和手柄是否在正常位置，同时认真查阅并填写交接班记录。

# 4.4 数控车削加工结束后还有哪些工作流程

操作完成后要按照企业工作标准，做好6S管理工作。6S就是整理（SEIRI）、整顿（SEITON）、清扫（SEISOU）、清洁（SEIKETSU）、素养（SHITSUKE）、安全（SECURITY）六个项目，因均以"S"开头，简称"6S"。

整理——将工作现场的所有物品区分为有用品和无用品，除了有用的留下来，没有用的都清理掉。目的：腾出空间，使空间活用，防止误用，以保持清爽的工作环境。

整顿——把留下来的必要用的物品依规定位置摆放，并放置整齐加以标识。目的：工作场所一目了然，消除寻找物品的时间，整整齐齐的工作环境，消除过多的积压物品。

清扫——将工作场所内看得见与看不见的地方清扫干净，保持工作场所干净、亮丽，创造良好的工作环境。目的：稳定品质，减少工业伤害。

清洁——将整理、整顿、清扫进行到底，并且制度化，经常保持环境处在整洁美观的状态。目的：创造明朗现场，维持上述3S推行成果。

素养——每位成员养成良好的习惯，并遵守规则做事，培养积极主动的精神（也称习惯性）。目的：促进良好行为习惯的形成，培养遵守规则的员工，发扬团队精神。

安全——重视成员安全教育，每时每刻都有安全第一观念，防范于未然。目的：建立及维护安全生产的环境，所有的工作应建立在安全的前提下。

如图4.20所示，在数控车削加工过程中，"6S"主要体现在：

（1）整理：将数控车削加工相关的附件、刀具、量具、工具等留下，无关的东西清理掉。

（2）整顿，将留下的刀具、量具、工具等摆放整齐，使其有固定、明显的存放位置。

（3）清扫：保证数控车床工作区域的卫生，并对使用的设备、仪器、工具进行清洁、保养。

（4）清洁：对以上整理、整顿、清扫进行到底，并且制度化，经常保持环境外在美观的状态，创造明朗的现场。

（5）素养：培养良好的工作、行为习惯，并遵守数控车削加工的规则做事，也培养积极主动的精神。

（6）安全：重视安全教育，每时每刻都有安全第一观念，防范于未然。包括人身和机床设备安全。

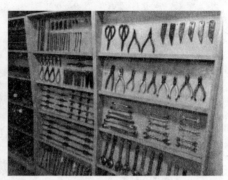

（a）现场干净、有安全标识　　　　　　　　（b）按顺序摆放整齐

图 4.20　车间 6S 管理

## 4.5　数控车削加工过程中应注意哪些问题

（1）机床运转时，严禁戴手套操作；严禁用手触摸机床的旋转部分；严禁在车床运转中隔着车床传送物件；装卸工件，安装刀具，清洗上油以及打扫切屑，均应停车进行。清除铁屑应用刷子或钩子，禁止用手拉。

（2）变换转速应停止车床转动后才可以转换，以免碰伤齿轮。开车时，车刀要慢慢接近工件，以免切屑沫崩伤人或损坏工件。

（3）加工工件切削量和进刀量不宜超大，以免机床过载造成意外事件。

（4）粗车工件时不能进给车削时停车，如需停车应迅速将车刀推出。切削较长工件应在适当位置放好中心架，防止工件甩弯伤人。伸入床头的料棒长度不超过床头立轴之外，并且慢车加工，伸出时应注意防护。

（5）车床运转不正常、有异声或异常现象，轴承温度过高，要立即停车，报告相关责任人员。

（6）车床运转时，操作者不能随意离开工作岗位。禁止玩笑打闹，有事离开必须停机断电。工作时思想要集中。工作时必须侧身站在操作位置，禁止身体正面对着转动的卡盘。

（7）工作场地应保持整齐、清洁，刀具、工具、量具要放在规定地方且存放要稳妥，床面上禁止放任何物品。

（8）电器发生故障应立即停车，马上断开总电源，及时请机械维修人员检查修理，不能擅自乱动。当突然停止供电时，要立即关闭机床或其他启动装置，并将刀具退出工作部位。

## 4.6 数控车床如何对刀

### 1. 数控车床对刀的原理

对刀是数控加工中的主要操作和重要技能。在一定条件下，对刀的精度可以决定零件的加工精度，同时，对刀效率还直接影响数控加工效率。仅仅知道对刀方法是不够的，还要知道数控系统的各种对刀设置方式，以及这些方式在加工程序中的调用方法，同时要知道各种对刀方式的优点、缺点、使用条件等。

一般来说，数控加工零件的编程和加工是分开进行的。数控编程员根据零件的设计图纸，选定一个方便编程的工件坐标系，工件坐标系一般与零件的工艺基准或设计基准重合，在工件坐标系下进行零件加工程序的编制。

对刀时，应使刀位点与对刀点重合。所谓刀位点是指刀具的定位基准点，对于车刀来说，其刀位点是刀尖。对刀的目的是确定对刀点，在机床坐标系中的绝对坐标值，测量刀具的刀位偏差值。对刀点找正的准确度直接影响加工精度。在实际加工工件时，使用一把刀具一般不能满足工件的加工要求，通常要使用多把刀具进行加工。在使用多把车刀加工时，在换刀位置不变的情况下，换刀后刀尖点的几何位置将出现差异，这就要求不同的刀具在不同的起始位置开始加工时，都能保证程序正常运行。为了解决这个问题，机床数控系统配备了刀具几何位置补偿的功能。利用刀具几何位置补偿功能，只要事先把每把刀相对于某一预先选定的基准刀的位置偏差测量出来，输入到数控系统的刀具参数补正栏指定组号里，在加工程序中利用 T 指令，即可在刀具轨迹中自动补偿刀具位置偏差。刀具位置偏差的测量同样也需通过对刀操作来实现。

生产厂家在制造数控车床时，必须建立位置测量、控制、显示的统一基准点，该基准点就是机床坐标系原点，也就是机床机械回零后所处的位置。

数控机床所配置的伺服电机有绝对编码器和相对编码器两种，配备绝对编码器的机床开机后不用回零，系统断电后记忆机床位置，机床零点由参数设定。配备相对编码器的机床开机后必须回零，机床零点由机床位置传感器确定。

编程人员按工件坐标系中的坐标数据编制的刀具运行轨迹程序，必须在机床坐标系中加工，由于机床原点与工件原点存在 $X$ 向偏移距离和 $Z$ 向偏移距离，使得实际的刀尖位置与程序指令的位置有同样的偏移距离，因此，须将该距离测量出来并输入到数控系统，使系统据此调整刀具的运动轨迹，才能加工出符合零件图纸的工件。这个过程就是对刀，所谓对刀，其实质就是测量工件原点与机床原点之间的偏移距离，设置工件原点在以刀尖为参照的机床坐标系里的坐标。

### 2. 试切对刀流程

对刀的方法有很多种，按对刀的精度可分为粗略对刀和精确对刀；按是否采用对刀仪可分为手动对刀和自动对刀；按是否采用基准刀，又可分为绝对对刀和相对对刀等。但无论采用哪种对刀方式，都离不开试切对刀，试切对刀是最根本的对刀方法。这里以 FUNAC 0i 数控车削系统为例，需要对刀架上 1 号刀位的外圆车刀，具体对刀流程为如下。

（1）夹持工件，将刀具移动到加工位置。

（2）如图 4.21（a）所示，在手动操作方式下，启动主轴，用当前刀具在加工余量范围内试切工件外圆，车削的长度必须能够方便测量，刀具在 $X$ 轴方向不要移动，沿 $Z$ 轴的正方向退出来，停主轴，测量车削的外圆尺寸 $Xa$，如图 4.21（b）所示。

（a）试切外圆　　　　　　　　（b）测量切削面

**图 4.21** 试切外圆表面

（3）按 "OFFSET/SETTNG" 键，如图 4.22（a）所示；按 "刀偏" 键，如图 4.22（b）所示；选择形状界面，如图 4.22（c）所示；将光标移到与刀具号相对应的位置后，输入 "$Xa$" 值，再按显示器下面的 "测量" 软键，在对应的刀具补偿位上生成对应的刀具补偿值，如图 4.22（d）所示。

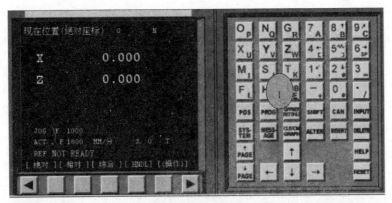

（a）选择"OFFSET/SETTNG"键

（b）选择刀偏　　　　　　　　　　　（c）选择形状

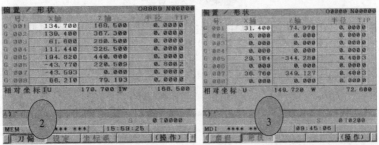

（d）测　量

注意：刀具偏置包括"磨损"和"形状"补偿两部分，对刀参数及刀尖位置在形状界面中设置；尺寸的调整和刀具的磨耗在磨损界面中设置。

图 4.22　X 轴对刀

（4）如图 4.23 所示，在手动方式下，再用该把刀去车削工件端面，车削完端面后，车刀沿 X 轴的正方向退出来，在 Z 轴方向不动，停主轴，测量工件原点到工件端面的距离 $Lz$。

图 4.23　$Z$ 轴对刀

同 $X$ 轴对刀一样。按 "OFFSET/SETTNG" 键，进入 "形状" 补偿设定界面，将光标移到与刀位号相对应的位置后，输入 "$Lz$" 的数值，再按显示器下面的软键 "测量"，在对应的刀补位上生成准确的刀具补偿值。

当前刀具对刀完后，换程序中需要用到的其他刀具，重复（1）到（4）过程，生成相应的刀具补偿值。

## 4.7　如何进行数控车削加工尺寸修正

对于首件试切的工件，在粗车后使用程序暂停指令（M01）停止机床转动，测量工件尺寸是否符合要求，如有偏差要在精车前及时修正，修正方法如下。

（1）按下 "OFFSET/SETTNG" 键，CTR 屏幕上显示的画面如图 4.24 所示。

（2）用 "↓" 键或 "↑" 键移动光标到要设定补偿号的位置。

（3）输入 X、Z 值。

例如，加工某零件，采用 T01 号 90° 偏刀车削后，实际尺寸比工件要求外径大 0.02mm，端面长 0.03mm，则按下 "OFFSET/SETTNG" 键，用 "↓" 键或 "↑" 键移动光标至 T01 对应的刀具补偿号 W01，按 "X" "-0.02" "INPUT" 键，"Z" "-0.03" "INPUT" 键，完成刀具磨损补偿。若要各向尺寸相应小，则输入 "+" 数据。

通过上述修正后，再进行精加工，即可达到尺寸要求。进行批量生产时，因为刀具产生磨损测量工件尺寸偏大，当尺寸变化时，用上述方法可补偿刀具的磨损量。对除首件试切外的其他工件，在加工一定数量范围内，精车前机床不需停转，直接加工即可。

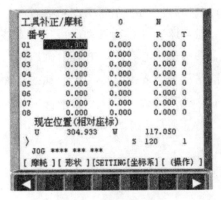

图 4.24 尺寸修正

## ◈ 4.8 数控车削加工时如何对毛坯装夹

如图 4.25 所示，，用卡盘安装车削工件时可按下列步骤进行。

（1）首先将要车削的工件在三爪卡盘的卡爪间放正，然后轻轻夹紧。

（2）开动机床，使主轴低速旋转，检查工件有无偏摆，若有偏摆应停车，用小锤轻敲校正，然后紧固工件。注意必须在机床启动前取下扳手，以免开车时扳手飞出，击伤人或损坏机床。

（3）移动车刀至车削行程的左端，用手旋转卡盘，检查刀架等是否与卡盘或工件碰撞。

图 4.25 工件在卡盘上的安装

车削较长或加工工序较多的轴类工件，经常采用两顶尖安装。工件装夹在前后顶尖之间，由卡箍、拨盘带动旋转。前顶尖装在主轴上，和主轴一起旋转。后顶尖装在尾架上固定不动，有时也可用鸡心夹头代替拨盘，此时前顶尖用一段钢材料车削而成。

　　由于后顶尖容易磨损，因此在车床工件转速较高的情况下，常采用活顶尖，加工时活顶尖与车床工件一起转动。用顶尖安装工件前，要先车平工件的端面，用中心钻钻出中心孔，中心孔的轴线应与工件毛坯的轴线相重合。中心孔的圆锥孔部分应光滑，因为中心孔的锥面部分是和顶尖锥面相配合的。中心孔的圆柱孔部分一是用来容纳润滑油；二是使顶尖尖端不与工件接触，保证工件和顶尖在锥面处良好配合。

### 1. 顶尖安装工件

如图 4.26 所示，用顶尖安装工件的步骤如下。

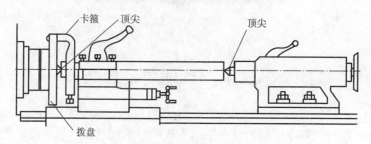

（a）顶尖装夹工作

（b）鸡心夹头

**图 4.26　车床顶尖装夹**

　　（1）在工件一端安装卡箍，先用手稍微拧紧卡箍螺钉。在工件的另一端中心孔里涂上润滑油。

　　（2）将工件置于顶尖间，根据工件长短调整尾架的位置，保证能让刀架移至车削行程的最右端，同时又要尽量使尾架套筒伸出最短，然后将尾架固定。

　　（3）转动尾架手轮，调节工件在顶尖间的松紧，使之既能自由旋转，但又不会有轴向松动。最后紧固尾架套筒。

（4）将刀架移至车削行程最左端，用手转动拨盘及卡箍，检查是否会与刀架等碰撞。

（5）拧紧卡箍螺钉。

## 4.9 数控车床的找正方式有哪些

工件在数控车床上的装夹找正方式，取决于生产批量、工件大小及复杂程度、加工精度要求及定位的特点等。主要装夹找正形式有三种：直接找正装夹、划线找正装夹和夹具装夹。

### 1. 直接找正装夹

将工件装在机床上，然后按工件的某个（或某些）表面，用划针或用百分表等量具进行找正，以获得工件在机床上的正确位置。直接找正装夹的效率较低，但找正精度可以很高，适用于单件小批生产或定位精度要求特别高的场合。如图 4.27 所示，将百分表指针压在零件圆柱外表面，在工件旋转过程中百分表的指针发生偏转说明未安装好，应调整卡爪的位置，直到百分表的指针不动为止。

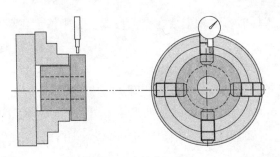

图 4.27 直接找正装夹

### 2. 划线找正装夹

这种装夹方法是按图纸要求在工件表面上事先划出位置线、加工线和找正线，装夹工件时，先按找正线找正工件的位置，然后夹紧工件。划线找正装夹不需要专用设备，通用性好，但效率低，精度也不高，通常划线找正精度只能达到 0.1～0.5mm。此方法多用于单件小批生产中铸件的粗加工工序。如图 4.28 所示，在工件旋转过程中，划针头与工件的找正线不重合说明未安装好，需调整卡爪位置直至划针头与找正线重合。

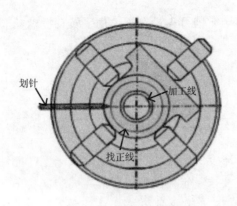

划针　加工线　找正线

图 4.28　划线找正装夹

划线找正工件时应注意的问题有：

（1）为了防止工件被夹毛，装夹时应垫铜皮。

（2）在工件与导轨面之间垫防护木板，以防工件掉下，损坏机床导轨面。

（3）找正工件时，不能同时松开两只卡爪，以防工件掉下。

（4）找正工件时，灯光、针尖与视线角度要配合好，否则会增大目测误差。

（5）找正工件时，主轴应放在空档位置，否则给卡盘转动带来困难。

（6）工件找正后，四个卡爪的紧固力要基本一致，否则车削时工件容易发生移位。

（7）在找正近卡爪处的外圆时，发现有极小的径向跳动时，不要盲目地松开卡爪，可将离旋转中心较远的那个卡爪再夹紧一些做微小调整。

（8）找正工件时要耐心、细致、不可急躁，并注意安全。

### 3. 使用专用夹具找正

如图 4.29 所示，使用专用夹具装夹，工件在夹具中可迅速而正确的定位和夹紧。这种装夹方式效率高、定位精度好且可靠，还可以减轻工人的劳动强度和降低对工人技术水平的要求，因而广泛应用于各种生产类型中。

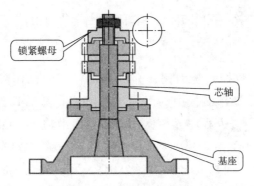

图 4.29　专用夹具装夹

#### 4. 四爪卡盘的找正

（1）根据工件装夹处的尺寸来调整卡爪，使其相对两爪的距离稍大于工件直径。卡爪位置是否与中心等距，可参考卡盘平面多圈同心圆线，如图 4.30（a）所示。

（2）工件夹住部分不宜太长，一般为 10～15mm。

（3）找正工件外圆时，先使划针尖靠近工件外圆表面，如图 4.30（b）所示，用手转动卡盘，观察工件表面与划针尖之间的间隙大小，然后根据间隙大小，调整相对卡爪位置，其调整量为间隙差值的一半。

（4）找正工件平面时，先使划针尖靠近工件平面边缘处，如图 4.30（c）所示，用手转动卡盘观察划针与工件表面之间的间隙。调整时可用铜锤或铜棒敲正，调整量等于间隙差值。

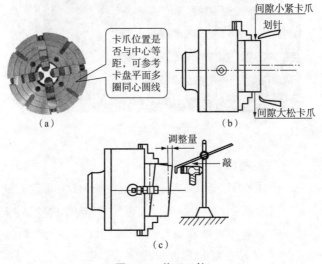

图 4.30　找正工件

## 4.10    数控车削加工中的程序管理都包括什么

### 1. 新建程序

以 FANUC 数控系统为例，介绍新建程序的操作流程。如图 4.31
所示，首先选择操作面板中的编辑工作方式；然后选择系统面板中的
"PROG" 按钮，进入程序界面，在程序界面中输入 "O7171"，然后按
"INSERT" 键，则系统新建一个数控程序，名字为：O7171。

数控系统操作面板上的数字 / 字母键，第一次按下时输入的是字母，
以后再按下时均为数字。若要再次输入字母，须先将输入域中已有的内容
显示在 CRT 界面上（按 "INSERT" 键，可将输入域中的内容显示在 CRT
界面上）。

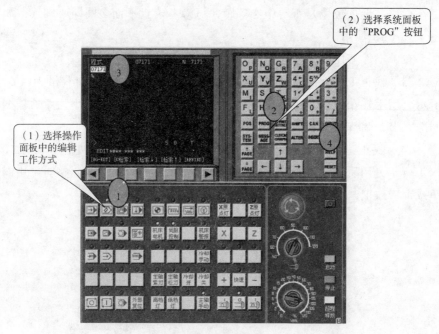

（2）选择系统面板
中的 "PROG" 按钮

（1）选择操作
面板中的编辑
工作方式

图 4.31    新建程序

### 2. 选择一个数控程序

将工作方式选择 EDIT 档或 AUTO 档，在 MDI 键盘上按 "PROG"
键，进入编辑页面，按 O 键输入字母 "O"；按数字键输入搜索的号码：
XXXX（搜索号码为数控程序目录中显示的程序号）；按 ↓ 键开始搜索。
找到后，"OXXXX" 显示在屏幕右上角程序号位置，NC 程序显示在屏幕上。

**3. 删除一个数控程序**

将工作方式选择编辑方式 EDIT 档，（在 MDI 键盘上按 "PROG" 键，进入编辑页面，按 O<sub>P</sub> 键输入字母 "O"；按数字键输入要删除的程序的号码：XXXX；按 "DELETE" 键，程序即被删除。

**4. 删除全部数控程序**

将工作方式选择编辑方式 EDIT 档，在 MDI 键盘上按 "PROG" 键，进入编辑页面，按 O<sub>P</sub> 键输入字母 "O"；按 键输入 "–"；按 9<sub>C</sub> 键输入 "9999"；按 "DELETE" 键，则删除全部数控程序。

**5. 编辑程序**

将工作方式选择 EDIT 档，在 MDI 键盘上按 "PROG" 键，进入编辑页面，选定了一个数控程序后，此程序显示在 CRT 界面上，可对数控程序进行编辑操作。

1）移动光标

按 PAGE ↓ 或 PAGE ↑ 翻页，按 ↓ 键或 ↑ 键移动光标。

2）插入字符

先将光标移到所需位置，点击 MDI 键盘上的数字 / 字母键，将代码输入到输入域中，按 "INSERT" 键，把输入域的内容插入到光标所在代码后面。

3）删除输入域中的数据

按 "CAN" 键用于删除输入域中的数据。

4）删除字符

先将光标移到所需删除字符的位置，按 "DELETE" 键，删除光标所在的代码。

5）查 找

输入需要搜索的字母或代码；按 ↓ 键开始在当前数控程序中光标所在位置后搜索。（代码可以是一个字母或一个完整的代码。例如，"N0010" "M" 等。）如果此数控程序中有所搜索的代码，则光标停留在找到的代码处；如果此数控程序中光标所在位置后没有所搜索的代码，则光标停留在原处。

6）替 换

先将光标移到所需替换字符的位置，将替换成的字符通过 MDI 键盘输入到输入域中，按 "ALTER" 键，把输入域的内容替代光标所在的代码。

## 4.11   如何在线传输数控程序

本书以 CAXA 数控车床软件为例，介绍 FANUC 0i Mate-TC 数控程序的在线传输方法。

### 1. 建立通讯连接

（1）首先安装 CAXA 数控车 2015 R1 软件，同时准备 RS232 机床与电脑数据传输连接线，一端为九针的与 PC 机连接，另一端为 25 针的与数控机床连接，如图 4.32 所示。

图 4.32   数据线连接

（2）打开 2015R1 数控车床软件，选择通讯 / 设置，完成 PC 通讯参数的设置，如图 4.33 所示。完成数控系统、波特率、奇偶校验、数据口等参数的设置。

图 4.33   PC 通讯参数设置

（3）如图 4.34 所示，在 2015R1 数控车床软件中，选择通讯 / 发送，找到需要发送的数控程序文件（ *.cut 文件）和机床系统，然后选择"确定"，同时在生成的数控程序开头和结尾都添加上"%"，则完成发送程序的准备工作。

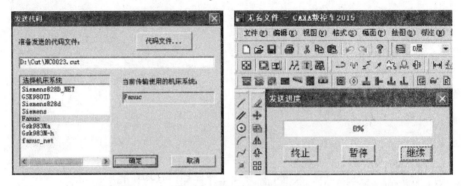

图 4.34　发送程序准备

（4）接收程序准备工作。在数控车床数控系统操作面板中，选择"OFFSET/SETTNG"软键，完成如图 4.35 所示的参数设置。其中 I/O 频道 =1 指的是采用数据线传输程序（同时也可选择 SD 存储卡等传输）。

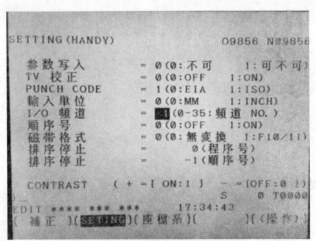

图 4.35　机床接收程序参数设置

## 2. 程序接收

选择编辑模式 / "PROG"程序，然后输入程序名"O****"，如图 4.36（a）所示，然后选择软键"READ" / "EXEC"，则将程序从 PC 机传送至数控机床中，如图 4.36（b）所示。

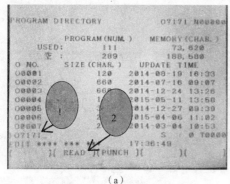
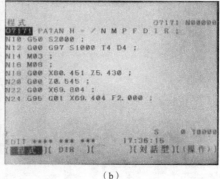

（a）　　　　　　　　　　　　　　　　　（b）

图 4.36　接收程序

## 4.12　数控车床的保养工作都包括哪些内容

### 1. 每天保养内容

清洁机床床身车削屑末；按压润滑油泵给机床添加润滑油；检查润滑油泵工作情况；检查机床液压站及卡盘的夹紧状况；开机前检查机床排刀或刀塔是否停置在安全位置，防止撞机发生；检查机床是否有漏水、漏油、漏气等情况；若为气动主轴，请检查压缩空气压力是否达到要求；清洁系统面板及控制按钮的油污。

### 2. 每周保养内容

给旋转刀架添加润滑油；检查润滑油泵的润滑油量；检查控制箱内散热风扇的工作情况；检查卡盘及刀塔有无积屑及润滑情况；检查冷却水箱使用状况（更换冷却液、检查冷却泵），如图 4.37 所示。

（a）刀架添加润滑油　　　　　　（b）润滑油泵　　　　　　（c）散热风扇

图 4.37　每周保养内容

### 3. 每月保养内容

检查刀塔或排刀移动时，有无异常声响；检查 $X$，$Z$ 轴丝杆供油是否正常；清洁机床内部及外观，做到"铁见光，漆见色"。

### 4. 半年保养内容

清洁丝杆、导轨污浊；检测机床的整体水平；检查皮带松紧度，传动件螺栓固定的紧固度。

# 第**5**章
# 数控车削加工常用工艺

## ◆◆◆ 5.1　数控车削加工的工艺范围有哪些

车削适用于加工回转零件，其工艺范围广泛，可以加工端面、内外圆柱面、内外圆锥面、内外螺纹等，如图 5.1 所示。车削加工尺寸精度较宽，一般可达 IT12～IT7，精车时可达 IT6～IT5。表面粗糙度 $Ra$ 值一般为 6.3～0.8μm 。由于在数控车床中采用数字化控制，一方面提高了加工效率和精度，同时能加工型面复杂的各类零部件。

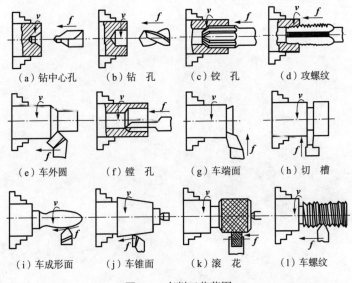

（a）钻中心孔　　（b）钻孔　　（c）铰孔　　（d）攻螺纹

（e）车外圆　　（f）镗孔　　（g）车端面　　（h）切槽

（i）车成形面　　（j）车锥面　　（k）滚花　　（l）车螺纹

图 5.1　车削工艺范围

## 5.2 工序、工步、走刀的定义是什么

### 1. 工 序

一个或一组工人，在一个工作地（机床设备）上，对同一个或同时对几个工件所连续完成的那一部分工艺过程称为工序。至于同一工序的操作者、工作地和劳动对象是固定不变的，如果有一个要素发生变化，就构成另一道新工序。例如在同一台车床上，由一个工人完成某零件的粗车和精车加工，称为一道工序；如果这个零件在一台车床上完成粗车而在另一台车床上精车，就构成两道工序。工序的划分依据是：工作地是否改变，对一个工件不同表面的加工是否连续（顺序或平行）完成。例如，一个工人在一台车床上完成车外圆、端面、空刀槽、螺纹、切断；一组工人刮研一台机床的导轨；一组工人对一批零件去毛刺；一组工人检验原材料、零部件或整机的具体工作阶段。工序是完成产品加工的基本单元，合理划分工序，有利于建立生产劳动组织，加强劳动分工与协作，制定劳动定额。

（1）按在生产过程中的性质和特点分为工艺工序、检验工序和运输工序。

工艺工序是指使劳动对象直接发生物理或化学变化的加工工序。

检验工序是指对原料、材料、毛坯、半成品、在制品、成品等进行技术质量检查的工序。

运输工序是指劳动对象在上述工序之间流动的工序。

（2）按照工序的性质，可把工序分为基本工序和辅助工序。

基本工序是指直接使劳动对象发生物理或化学变化的工序。

辅助工序是指为基本工序的生产活动创造条件的工序。

（3）工序按工艺加工特点还可细分为若干工步（在金属切削加工中工步可再细分若干走刀）。

（4）按其劳动活动特点可细分为若干操作（或操作组）、动作。

### 2. 工 步

工步，可以简单理解为一个工序的若干步骤，即在同一个工序上，要完成一系列作业过程时，把可以归类成某独立的作业过程称为一个工步。例如，在一个装配工序中，把装配零件扣在一起，然后拧螺丝，完成整个装配工序，在这其中，把装配零件扣在一起，可以是装配工序中的一个工步，拧螺丝，又是另外一个工步，两个工步完成后构成整个装配工序的完整工作。

### 3. 走 刀

有些工步，由于余量较大或其他原因，需要同一切削用量（仅指转速和进给量）下对同一表面进行多次切削，这样刀具对工件的每一次切削就称为一次走刀。切削刀具在加工表面上切削一次所完成的工步内容称一次走刀。工序、工步、走刀的关系如图 5.2 所示，图 5.3 为某车削零件的工序卡片。

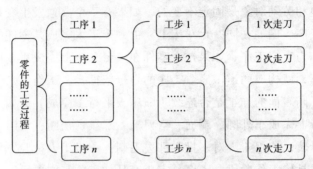

**图 5.2** 工序、工步、走刀关系图

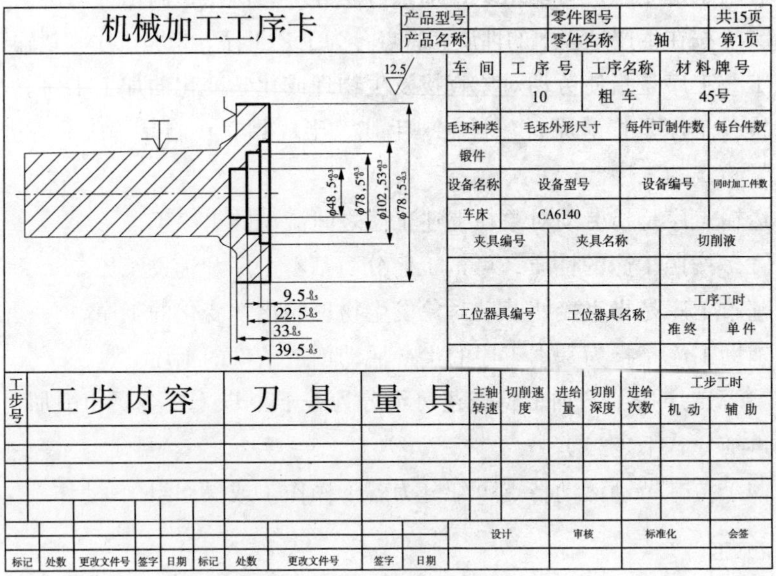

**图 5.3** 零件车削加工工序卡片

## 5.3 数控车削加工工序如何划分

### 1. 按所用刀具划分工序

按加工零件的类同结构内容进行划分，使用同一把刀具进行加工的内

容称为一道工序，此方式可提高车削加工生产效率。有些零件结构较复杂，既有回转表面也有非回转表面，既有外圆、平面，也有内腔、曲面。对于加工内容较多的零件，按零件结构特点将加工内容组合分成若干部分，每一部分用一把典型刀具加工。这时可以将组合在一起的所有部位作为一道工序，然后再将另外组合在一起的部位作为一道新的工序，换另外一把刀具进行加工，这样一方面有利于减小不必要的定位误差，另一方面减少了换刀次数以及空行程时间。

### 2. 按粗、精加工划分工序

采用按粗、精加工划分工序的方式可保证数控车削加工的精度。对于容易发生加工变形的零件，通常粗加工后需要进行矫形，这时粗加工和精加工作为两道工序，可以采用不同的刀具或不同的数控车床加工。对毛坯余量较大和加工精度要求较高的零件，也应将粗车和精车分开，划分成两道或更多的工序。如图 5.4 所示手柄零件，加工该零件所用坯料为 $\phi32$ mm 棒料，要求批量生产，加工时用一台数控车床。

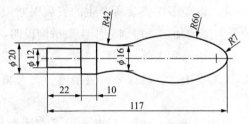

图 5.4　手柄零件

工序划分如下。

第一道工序：将一批工件全部车出，包括切断，夹棒料外圆柱面，工序内容包括先车出 $\phi12$mm 和 $\phi20$mm 两圆柱面及圆锥面（粗车掉 $R42$ mm 圆弧的部分余量），转刀后按总长要求留下加工余量切断（图 5.5）。

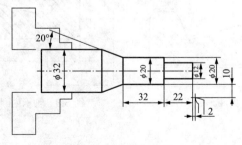

图 5.5　手柄车削工序 1

第二道工序：用 $\phi$12mm 外圆及 $\phi$20mm 端面装夹，工序内容是先车削包络 *SR* 7mm 球面的 30° 圆锥面，然后对全部圆弧表面半精车（留少量的精车余量），最后换精车刀将全部圆弧表面一刀精车成形（图 5.6）。

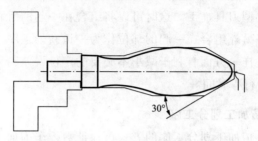

图 5.6　手柄车削工序 2

### 3. 以安装次数划分工序

由于每个零件结构形状不同，各个表面的技术要求也不同，所以在加工中，其定位方式就各有差异。一般加工零件外形时，以内孔形状进行定位；加工零件内部特征时以外形定位。通常将位置精度要求较高的表面安排在一次安装下完成，以免多次安装所产生的安装误差影响位置精度。如图 5.7 所示，以轴承内圈的加工工序划分步骤来举例说明。

第一道工序：以大端面和大外径定位装夹，在一次装夹中将滚道、小端面及内孔等表面加工完毕，容易保证位置精度，大大减小了壁厚差，而且加工质量稳定。

第二道工序：以内孔和小端面定位装夹，车削大外圆和大端面以及倒角，能减少装夹次数，保证大外圆与内孔的同轴度以及和端面的垂直度（图 5.8）。

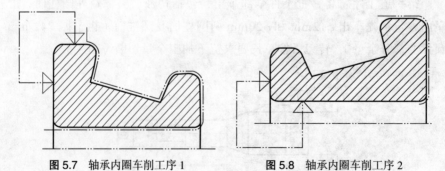

图 5.7　轴承内圈车削工序 1　　　　图 5.8　轴承内圈车削工序 2

## 5.4  数控车削加工切削用量都包括哪些

图 5.9 为零件车削加工示意图，数控车削的切削用量主要包括：切削速度（$v_c$）、进给量（$f$）、背吃刀量（$a_p$）。

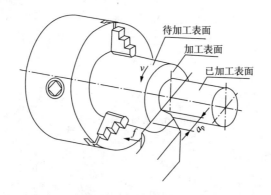

待加工表面
加工表面
已加工表面

**图 5.9**  车削参数示意图

### 1. 切削速度公式

$$v_c = \frac{\pi \cdot d \cdot n}{1000} \tag{5.1}$$

式中，$v_c$——切削速度（m/min）；

　　　$d$——车削加工时为工件的加工直径（mm），钻、铣加工时为刀具直径；

　　　$n$——主轴转速（r/min）。

【例 5.1】如图 5.9 所示，车削加工过程中，若主轴转速为 2000 r/min、车削直径 $\phi$50mm 的工件，求此时的切削速度？

将 $\pi$=3.14、$d$=50、$n$=2000 代入式（5.1）中，得到

$$v_c = \frac{\pi \cdot d \cdot n}{1000} = （3.14 \times 50 \times 2000）\div 1000 = 314（\text{m/min}）$$

所以此时切削速度为 314 m/min。

【例 5.2】如图 5.10 所示，在钻削过程中，若主轴转速 1350r/min、钻头直径 $\phi$12mm，求切削速度是多少？

将 $\pi$=3.14、$d_1$=12、$n$=1350 代入公式：

$$v_c = \frac{\pi \cdot d \cdot n}{1000} = 3.14 \times 12 \times 1350 = 50.9 \text{ (m/min)}$$

故切削速度为 50.9m/min。

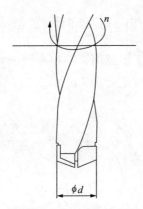

**图 5.10　钻削参数示意图**

### 2. 进给速度公式

$$v_\mathrm{f} = n \cdot f \tag{5.2}$$

式中，$v_\mathrm{f}$——进给速度（mm/min）；

　　$f$——进给量（mm/r）；

　　$n$——主轴转速（r/min）。

【例 5.3】在车削零件时，若每转进给量为 0.1mm/r，主轴转速为 1600r/min，求车刀每分钟进给速度是多少？

$v_\mathrm{f} = n \cdot f = 0.1 \times 1600 = 160$（mm/min）

因此，车刀每分钟进给速度为 160mm/min。

【例 5.4】在车削零件时，主轴转速为 2000r/min、每分钟进给速度为 100mm/min，求此时车刀每转进给量是多少？

$f = v_\mathrm{f}/n = 100 \div 2000 = 0.05$（mm/r）

则每转进给量为 0.05mm/r。

## 5.5　如何选择合理的数控车削用量

切削速度（$v_\mathrm{c}$）、进给量（$f$）、背吃刀量（$a_\mathrm{p}$）选择是否合理，对于能否充分发挥机床潜力与刀具切削性能，实现优质、高产、低成本和安全操作具有很重要的作用。粗车时，首先考虑选择一个尽可能大的背吃刀量 $a_\mathrm{p}$，其次选择一个较大的进给量 $f$，最后确定一个合适的切削速度 $v$。增大背吃刀量 $a_\mathrm{p}$ 可使走刀次数减少，增大进给量 $f$ 有利于断屑，因此根据以上原则选择粗车切削用量对于提高生产效率、减少刀具消耗、降低加工成本是有利的。

### 1. 背吃刀量 $a_p$ 的确定

在工艺系统刚度和机床功率允许的情况下，尽可能选取较大的背吃刀量，以减少进给次数。当零件精度要求较高时，则应考虑留出精车余量，其所留的精车余量一般比普通车削时所留余量小，常选择 0.3 ~ 0.5mm。

### 2. 进给量 $f$ 的选取

进给量 $f$（有些数控机床用进给速度 $V_f$）的选取应该与背吃刀量和主轴转速相适应。在保证工件加工质量的前提下，可以选择较高的进给速度（2000mm/min 以下）。在切断、车削深孔或精车时，应选择较低的进给速度。当刀具空行程特别是远距离"回零"时，可以设定尽量高的进给速度。粗车时，一般取 $f = 0.3 ~ 0.5$ mm/r；精车时，常选择 $f = 0.1 ~ 0.3$ mm/r；切断时，一般取 $f = 0.05 ~ 0.2$ mm/r。

### 3. 主轴转速的确定

主轴转速应根据零件上被加工部位的直径，并按零件和刀具材料以及加工性质等条件所允许的切削速度来确定。切削速度除了通过计算和查表选取外，还可以根据实践经验确定。需要注意的是，交流变频调速的数控车床低速输出力矩小，因而切削速度不能太低。当切削速度确定后，使用公式 $n = 1000\,v_c/\pi d$ 计算主轴转速 $n$（r/min）。表 5.1 为数控车削用量推荐表。

表 5.1 数控车削用量推荐表

| 工件材料 | 加工方式 | 背吃刀量 /mm | 切削速度 /（m/min） | 进给量 /（mm/r） | 刀具材料 |
|---|---|---|---|---|---|
| 碳素钢 $\sigma_b > 600$ MPa | 粗加工 | 5 ~ 7 | 60 ~ 80 | 0.2 ~ 0.4 | YT 类 |
| | 粗加工 | 2 ~ 3 | 80 ~ 120 | 0.2 ~ 0.4 | |
| | 精加工 | 0.2 ~ 0.3 | 120 ~ 150 | 0.1 ~ 0.2 | |
| | 车螺纹 | | 70 ~ 100 | 导程 | |
| | 钻中心孔 | | 500 ~ 800 r/min | | W18Cr4V |
| | 钻 孔 | | 20 ~ 30 | 0.1 ~ 0.2 | |
| | 切断（宽度 < 5 mm） | | 70 ~ 110 | 0.1 ~ 0.2 | YT 类 |
| 合金钢 $\sigma_b$ 1470MPa | 粗加工 | 2 ~ 3 | 50 ~ 80 | 0.2 ~ 0.4 | YT 类 |
| | 精加工 | 0.1 ~ 0.15 | 60 ~ 100 | 0.1 ~ 0.2 | |
| | 切断（宽度 <5mm） | | 40 ~ 70 | 0.1 ~ 0.2 | |

续表 5.1

| 工件材料 | 加工方式 | 背吃刀量 /mm | 切削速度 / ( m/min ) | 进给量 / ( mm/r ) | 刀具材料 |
|---|---|---|---|---|---|
| 铸铁<br>200HBS<br>以下 | 粗加工 | 2 ~ 3 | 50 ~ 70 | 0.2 ~ 0.4 | YG 类 |
| | 精加工 | 0.1 ~ 0.15 | 70 ~ 100 | 0.1 ~ 0.2 | |
| | 切断（宽度 <5mm） | | 50 ~ 70 | 0.1 ~ 0.2 | |
| 铝 | 粗加工 | 2 ~ 3 | 600 ~ 1000 | 0.2 ~ 0.4 | YG 类 |
| | 精加工 | 0.2 ~ 0.3 | 800 ~ 1200 | 0.1 ~ 0.2 | |
| | 切断（宽度 <5mm） | | 600 ~ 1000 | 0.1 ~ 0.2 | |
| 黄　铜 | 粗加工 | 2 ~ 4 | 400 ~ 500 | 0.2 ~ 0.4 | YG 类 |
| | 精加工 | 0.1 ~ 0.15 | 450 ~ 600 | 0.1 ~ 0.2 | |
| | 切断（宽度 <5mm） | | 400 ~ 500 | 0.1 ~ 0.2 | |

注：如何确定加工时的切削速度，除了可参考表 5.1 列出的数值外，主要还应根据实践经验进行确定。

## 5.6  轮廓车削时走刀路线如何选择

　　轮廓车削时典型走刀路线主要有以下三种：内外圆表面粗车复合循环（G71）、台阶粗车复合循环（G72）、成形重复循环（G73）。

　　如图 5.11（a）所示，内外圆表面粗车复合循环（G71）适用于轴向尺寸较长的外圆柱面或内孔面，需多次走刀才能完成的粗加工，但该指令的应用有它的局限性，即零件轮廓必须符合 X 轴、Z 轴方向同时单调增大或单调减小。

　　台阶粗车复合循环（G72）也是一种复合循环指令，与 G71 所不同的是该指令适合于 Z 向余量小、X 向余量大的回转体零件，如图 5.11（b）所示零件的粗加工，所加工的零件同样要符合 X 轴、Z 轴方向同时单调增大或单调减小的特点。

　　成形重复循环（G73）是一种多次成形封闭切削循环指令，该指令适于对已基本成形的铸、锻毛坯切削，如图 5.11（c）所示，对零件轮廓的单调性则没有要求。而仍使用 G71、G72 指令则会产生许多无效切削，且浪费时间。

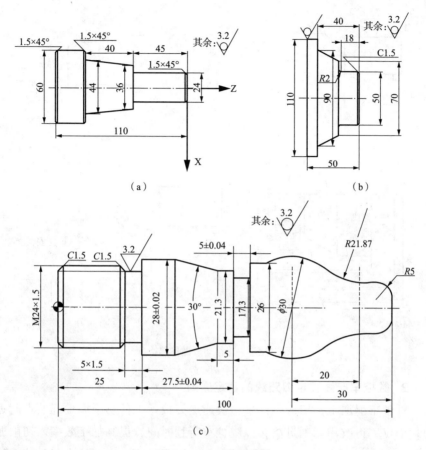

图 5.11　走刀路线选择

## 🎴 5.7　数控车床编程中切入、切出方式及走刀路线如何确定

### 1. 数控车床编程中切入、切出方式

数控车削加工的主要走刀流程为：首先刀具从机床原点快速移动至切削循环起始点（一般情况循环起始点的 $X$ 值比毛坯大 2mm，$Z$ 值为 2），如图 5.12（a）所示；然后刀具切入零件，如图 5.12（b）所示；然后进行循环加工路线的走刀，如图 5.12（c）所示；完成循环刀路的走刀后，刀具回到循环起始点，最后刀具再快速移动至安全位置，如图 5.12（d）所示。

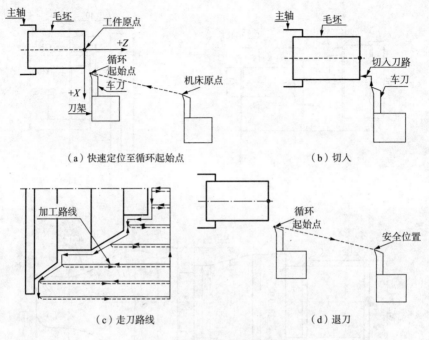

图 5.12 快速移动至循环起始点

### 2. 数控车床编程走刀路线的确定原则

对于车削加工，切入零件采用快速走刀接近工件切削循环起始点附近的某个点，再改用切削进给，以减少空行程时间，提高加工效率。切削循环起始点的确定取决于毛坯余量的大小，以刀具快速走到该点时工艺系统内不发生碰撞为原则。加工螺纹时为保证加工精度，应有一定引入和引出距离。

在确定走刀路线时，应在保证加工精度和表面质量的情况下，使加工程序具有最短的走刀路线，不仅可节省工件的加工时间，还减少了一些不必要的刀具磨损及机床进给机构滑动部件的磨损等。下面将简单介绍如何实现最短的空行程路线和最短的切削走刀路线。

1）合理设置起刀点

图 5.13 为采用矩形循环方式粗车的一般情况。其中图 5.13（a）将对刀点与起刀点设置在同一点，即 $A$ 点，其走刀路线如下。

第一刀：$A \rightarrow B \rightarrow C \rightarrow D \rightarrow A$。

第二刀：$A \rightarrow E \rightarrow F \rightarrow G \rightarrow A$。

第三刀：$A \rightarrow H \rightarrow I \rightarrow J \rightarrow A$。

图 5.13（b）则将对刀点与起刀点分离，设置为两点，即 $A$ 点和 $B$ 点，其走刀路线如下：

对刀点与起刀点分离的空行程为 $A \to B$。

第一刀：$B \to C \to D \to E \to B$。

第二刀：$B \to F \to G \to H \to B$。

第三刀：$B \to I \to J \to K \to B$。

显然采用图 5.13（b）所示的走刀路线，可以缩短走刀路线，提高加工效率。该方法也可用在其他循环车削（如螺纹车削）的加工中。

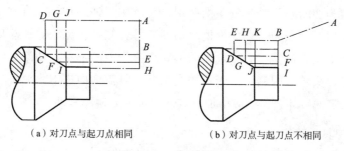

（a）对刀点与起刀点相同              （b）对刀点与起刀点不相同

图 5.13  合理设置起刀点

2）合理设置换刀点

为了换刀的方便和安全，可将换刀点设置在离工件较远的位置处，但会导致换刀后空行程路线的增长，所以可以在满足换刀空间的前提下将换刀点设置在较近点，则可缩短空行程距离。

3）合理安排"回零"路线

有时编程人员在编制较复杂零件的加工程序时，为尽量简化计算过程，便于校核程序，会使刀具通过执行"回零"指令，返回到对刀点的位置，然后再执行后续程序。这样就增加了走刀路线的距离，因此，在安排"回零"路线时，应使其前一刀终点与后一刀起点间的距离尽量缩短，或者为零，以满足走刀路线为最短的要求。另外，在选择返回对刀点指令时，在不发生加工干涉现象的前提下，应尽量采用 $X$、$Z$ 坐标轴双向同时"回零"指令，该指令功能的"回零"路线将是最短的。

4）确定最短走刀路线

图 5.14 所示为零件粗车的几种不同切削走刀路线的安排示意图。其中图 5.14（a）表示封闭式复合循环功能控制的走刀路线；图 5.14（b）为"三角形"走刀路线；图 5.14（c）为"矩形"走刀路线。这三种走刀路线

中，矩形循环路线的进给总长度为最短。

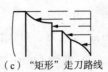

（a）封闭式走刀路线　　　（b）"三角形"走刀路线　　　（c）"矩形"走刀路线

图 5.14　粗车进给路线示例

## 5.8　切槽及切断加工时应注意哪些问题

切槽和切断属于独特的车削应用，广泛用于许多加工场合并需要使用专用的切槽及切断刀。切成形槽与切断工件，数控车床与普通车床所使用的刀具与工艺方法基本一致。槽的形状取决于刀的形状，切断工件的直径受切断刀刀头长度限制。由于切槽及切断刀具需横向进刀，对工件的刚性产生了一定的破坏，所以应增加刀具的稳定性和避免震动。

### 1．刀具的稳定性

切槽和切断对于刀具有较高要求，因为刀片要经常进给到工件较深位置。随着工件直径增加，刀具长度也增加，意味着刀具要在非常狭窄的位置加工。因此，要求刀具具有高稳定性。通常可采用专门的切槽及切断刀具以提高刀体和刀头的稳定性。

### 2．避免刀具震动

加工中的震动极易造成刀具的刀板部分产生弯曲，从而使刀具损坏，加工中断。所以切槽及切断加工时应注意采用以下方法避免刀具产生震动。

（1）在满足加工的前提下尽可能选择小切削深度（$a_p$）刀具加工，以增加刀具的刚性。

（2）选择合理的切削用量，通常进给量小于普通车削。

（3）刀具安装时，切削刃对应工件中心线偏差不应超过 ±0.1mm。

### 3．切槽时应注意的问题

（1）尽量使刀头宽度和切槽的宽度一致；若切宽槽（槽的宽度尺寸大，切槽刀的刀头宽度小），一次完成不了，在 Z 向移动切刀时，移动距离应小于一个刀头宽度。

（2）刀具从槽底退出时一定先要沿 X 轴完全退出后，才能发生 Z 向移动，否则将发生碰撞。

（3）因切槽刀有两个刀尖，必须在刀具说明中注明 Z 向基准为左刀尖还是右刀尖，以免编程时发生 Z 向尺寸错误。

（4）切槽时的编程方法：可用 G01、G94、G72、G75 代码切槽。G72适用于沟槽较宽时；G75 适用于沟槽较深时。但注意应先用 G01 或 G94 先切出开始部分。

#### 4．切断时应注意的问题

（1）切断实心工件时，工件半径应小于切断刀刀头长度；切断空心工件时，工件壁厚应小于切断刀刀头长度。

（2）在切断较大工件时，不能将工件直接切断，以防发生事故。

（3）切断时的编程方法：可用 G01、G94、G75 代码切断。G75 适用于切入较深需左右借刀时选用。

## 5.9　内孔车削加工工艺主要包括哪些内容

在轴套类工件中有通孔、盲孔及台阶孔三类。它们的加工方法基本相同，在加工前要正确安装好内孔车刀及工件，选择好切削用量再按照内孔车削的方法完成三类孔的车削。车削孔是常用的孔加工方法之一，既可以作为粗加工，也可作为精加工，加工范围很广。车削孔精度可达IT7～IT8，表面粗糙度值可达 $Ra1.6～3.2\mu m$，精细车削可以达到更小（$Ra\,0.8\mu m$），车削孔还可以修正孔的直线。

内孔车削时需要注意的事项如下。

#### 1．内孔车刀的安装

内孔车刀安装的正确与否，直接影响车削情况及孔的精度，所以在安装时一定要注意以下事项。

（1）刀尖与工件中心等高或稍高。如果刀尖低于工件中心，由于切削抗力作用容易将刀柄压低而扎刀，并可造成孔径扩大。

（2）刀柄伸出刀架不宜过长。一般比被加工孔长 5～6 mm。

（3）刀柄基本平行于工件轴线，否则在车削到一定深度时刀柄后半部分容易碰到工件孔口。

（4）盲孔车刀装夹时主刀刃应与孔底平面成 3º ～5º 角（即主偏角 $\kappa_r$ 比 90º 大 3º ～5º），并要求横向有足够的退刀余地，即刀尖到刀杆外端的

距离 $a$ 应小于内孔半径 $R$，否则就没办法车平孔底平面，见图 5.15。

（5）车刀底面的垫片要平整，并尽可能用厚垫片，以减少垫片数量。调整好刀尖高低后，至少要用两个螺钉交替将螺钉拧紧。

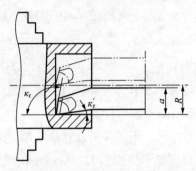

图 5.15　盲孔车刀装夹

### 2. 工件的安装

内孔车削时，工件一般采用三爪自定心卡盘安装；对于较大和较重的工件可采用四爪单动卡盘安装。加工直径较大、长度较短的工件（如盘类工件），必须找正外圆和端面。一般情况下先找正端面再找正外圆，如此反复几次，直至达到要求为止。

### 3. 车削孔的关键技术

内孔车削的关键技术是解决内孔车刀的刚度和排屑问题。

1）刀具的刚性

增加内孔车刀的刚度主要采取以下两项措施：

（1）尽量增加刀柄的截面积。一般的内孔车刀的刀尖位于刀柄的上面，这样车刀有一个缺点，即刀柄的截面积小于孔截面积的 1/4。所以应尽量增加刀柄的截面积，提高刀具的刚性。

（2）刀柄的伸出长度尽可能缩短。如果刀柄伸出太长，就会降低刀柄的刚度，容易引起震动。

2）解决排屑问题

排屑问题主要是控制切屑流出的方向。精内孔车削时，要求切屑流向待加工表面（即前排屑），前排屑主要是采用正值刃倾角的内孔车刀。车削盲孔时，切削从孔口排出（后排屑），后排屑主要是采用负值刃倾角的内孔车刀。

### 4. 内孔车削时的切削用量

内孔车刀的刀柄细长，刚度低，内孔车削时排屑较困难，故内孔车削时的切削用量应选得比车外圆时要小。

## 5.10  普通螺纹车削一般工艺都包括哪些内容

螺纹加工是数控车床典型的加工工艺形式，最常见的螺纹加工为普通三角螺纹加工。

### 1. 普通螺纹切入方式

普通螺纹切入方式分为径向切入法和侧向切入法，其特点如表 5.2 所示。

表 5.2  普通螺纹切入方式

| 序号 | 切入方法 | 图示 | 特点 |
|---|---|---|---|
| 1 | 径向切入法 |  | 一般机加工切削的螺纹，螺距小于 4mm |
| 2 | 侧向切入法 |  | 用于工件刚性低、易震动的场合；用于切削不锈钢等难加工材料；加工螺纹螺距大于 4mm |

### 2. 普通螺纹加工方法

外螺纹和内螺纹加工用的刀具以及主轴转向和进给方向，如表 5.3 所示。

表 5.3  普通螺纹加工方法

| 外螺纹 | | 内螺纹 | |
|---|---|---|---|
| 右螺纹 | 左螺纹 | 右螺纹 | 左螺纹 |
| 右手刀柄 | 左手刀柄 | 右手刀柄 | 左手刀柄 |
| 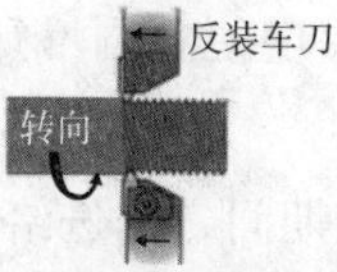 | 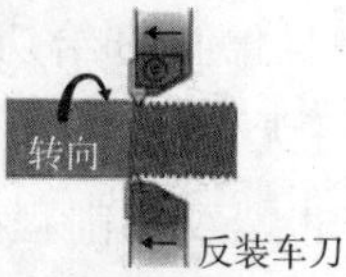 | 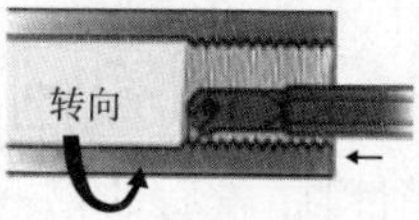 | 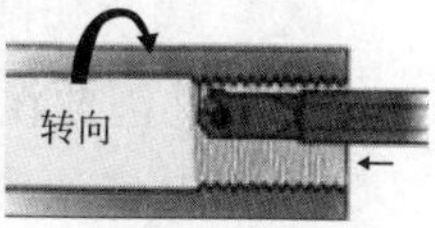 |
| 主轴逆时针转时，螺纹刀朝 -Z 方向进给 | 主轴顺时针转时，螺纹刀朝 -Z 方向进给 | 主轴逆时针转时，螺纹刀朝 -Z 方向进给 | 主轴顺时针转时，螺纹刀朝 -Z 方向进给 |

续表 5.3

| 外螺纹 | | 内螺纹 | |
|---|---|---|---|
| 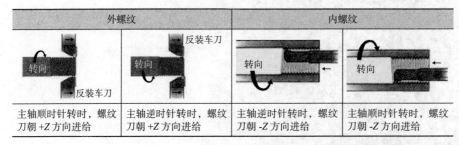 | | | |
| 主轴顺时针转时，螺纹刀朝 +Z 方向进给 | 主轴逆时针转时，螺纹刀朝 +Z 方向进给 | 主轴逆时针转时，螺纹刀朝 -Z 方向进给 | 主轴顺时针转时，螺纹刀朝 -Z 方向进给 |

注：右手刀柄是指数控车床的 +X 方向指向操作者方向；右手刀柄是指数控车床的 -X 方向指向操作者方向。

### 3. 走刀次数和进刀量

走刀次数和进刀量对于螺纹切削工序具有决定性的影响。在大多数现代机床上，应在螺纹切削周期中给定总螺纹深度和第一次或最后一次切削深度。为了提高螺纹切削质量，常见三角螺纹加工应使用如表 5.4 推荐的走刀次数和进刀量。

表 5.4　常见米制螺纹切削的进给次数和切削深度

| 螺距 /mm | 螺纹牙深（半径值）/mm | 切削深度（直径值）/mm | | | | | | | | |
|---|---|---|---|---|---|---|---|---|---|---|
| | | 1 次 | 2 次 | 3 次 | 4 次 | 5 次 | 6 次 | 7 次 | 8 次 | 9 次 |
| 1.0 | 0.649 | 0.7 | 0.4 | 0.2 | | | | | | |
| 1.5 | 0.974 | 0.8 | 0.6 | 0.4 | 0.16 | | | | | |
| 2.0 | 1.299 | 0.9 | 0.6 | 0.6 | 0.4 | 0.1 | | | | |
| 2.5 | 1.624 | 1.0 | 0.7 | 0.6 | 0.4 | 0.4 | 0.15 | | | |
| 3.0 | 1.949 | 1.2 | 0.7 | 0.6 | 0.4 | 0.4 | 0.4 | 0.2 | | |
| 3.5 | 2.273 | 1.5 | 0.7 | 0.6 | 0.6 | 0.4 | 0.4 | 0.15 | | |
| 4.0 | 2.598 | 1.5 | 0.8 | 0.6 | 0.6 | 0.4 | 0.4 | 0.4 | 0.3 | 0.2 |

### 4. 螺纹切削注意事项

（1）螺纹切削中进给速度倍率无效，进给速度被限制在 100%。

（2）螺纹切削中不能停止进给，一旦停止进给切削深度便急剧增加，非常危险。因此在螺纹切削中进给暂停键无效。

（3）在螺纹切削程序段后的第一个非螺纹切削程序段期间，按进给暂停键或持续按该键时，刀具在非螺纹切削程序段停止。

（4）如果用单程序段进行螺纹切削，则在执行第一个非螺纹切削的程序段后停止刀具。

（5）在切端面螺纹和锥螺纹时，也可进行恒线速度控制，但由于改变转速，将难以保证正确的螺纹导程。因此，切螺纹时，指定 G97 不使用恒线速度控制。

（6）在螺纹切削前的移动指令程序段可指定倒角，但不能是圆角 R。

（7）在螺纹切削程序段中，不能指定倒角和圆角 R。

（8）在螺纹切削中主轴倍率有效，但在切螺纹中如果改变了倍率，就会因升降速的影响等因素而不能切出正确的螺纹。

## 5.11 数控车床钻孔加工相关工艺包括哪些内容

### 1. 中心孔钻孔加工工艺

在数控车床上钻孔加工是比较常见的工艺，如齿轮、轴套、带轮、盘盖类等零件的孔，都必须要先进行钻孔加工。而在一夹一顶或两顶方式的工件安装中，都需要先预制中心孔，在钻孔时为了保证同轴度也往往要先钻中心孔来决定中心位置。

1）钻中心孔钻削的注意事项

（1）钻中心孔，由于在工件轴心线上钻削，钻削线速度低，必须选用较高的转速：一般为 500~1000r/min，进给量要小。孔径越大，转速越小。

（2）工件端面必须车平整，不允许出现小凸头；尾座校正，以保证中心钻和轴线同轴。

（3）中心钻起钻时，进给速度要慢，钻大工件时要用毛刷加注切削液并及时退屑冷却。钻削完毕时，应使中心钻停留在中心孔中 2~3s，然后退出，使中心孔光滑、圆整、位置准确。

2）中心孔的钻削方法

（1）由于在工件轴心线上钻削中心孔，钻削时刀具的线速度低，必须选用较高的转速：一般为 500~1000 r/min，进给量要小。孔径越大，转速越小。

（2）工件端面必须车平整，不允许出现小凸头。

（3）中心钻起钻时，进给速度要慢，钻大工件时要用毛刷加注切削液并及时退屑冷却。钻削完毕时，应使中心钻停留在中心孔中 2~3s，然后退出，以保证中心孔光滑。

3）中心钻折断的原因及预防措施

（1）当中心钻的轴线与工件旋转的轴线不同轴时，会使中心钻受到一个附加力而折断。这通常是由于车床尾座偏位，或钻夹头锥柄与尾座套筒锥孔配合不准确而造成的。因此，钻中心孔之前找正中心钻的位置是很有必要的。

（2）工件端面没有车平整，或中心处留有凸台，使中心钻不能准确定心而折断。

（3）切削用量选择不合适，如加工时的转速太低而中心钻进给太快使中心钻折断。

（4）中心钻磨钝后强行钻入工件而使中心钻折断。

（5）没有浇注充分的切削液或没有及时清除切屑，以致切屑堵塞在中心孔内而使中心钻折断。

**2. 钻头钻孔加工工艺**

1）钻孔时切削用量的选择

（1）背吃刀量 $a_p$。钻孔时的背吃刀量为钻头直径的1/2。

（2）进给量 $f$。在车床上钻孔时，工件每转一转，钻头和工件间的轴向相对位移，称为每转进给量（mm/r）。一般是用手慢慢转动车床尾座手轮来实现进给，进给量太大会使钻头折断。钻头直径越小，进给量越小。如用 $\phi30mm$ 的钻头钻钢料时，进给量一般选取 $f=0.1 \sim 0.3mm/r$ 为宜；钻铸铁时，进给量取 $f=0.15 \sim 0.35mm/r$ 为宜。

（3）切削速度 $v_c$。钻孔的切削速度一般指钻头主切削刃外缘处的线速度。

$$v_c = \pi D_钻 n /1000$$

式中，$v_c$——切削速度（m/min）；

$\quad n$——工件转速（r/min）；

$\quad D_钻$——钻头直径（mm）。

用高速钢钻头钻钢料时，$v_c=15 \sim 30m/min$；钻铸铁时，$v_c=10 \sim 25m/min$。根据切削速度计算公式可知，在相同的切削速度下，钻头直径越小，转速应越高。

2）钻孔时的注意事项

（1）钻孔前，先把工件端面车平整，否则会影响正确定心。

（2）必须找正尾座，使钻头轴线与工件回转轴线重合，以防孔径扩大和钻头折断。

（3）钻孔时，为了防止钻头发热，应充分使用切削液降温，防止麻花钻退火。

（4）钻孔时应采用往复排屑方式加工，避免采用一次钻削至孔底的方式加工，便于排屑和冷却液的浇注。

（5）钻孔时的转速与麻花钻的直径成反比，直径越大转速越低，具体数值可按推荐切削速度计算。也可按经验确定，例如：10mm 孔可选择在 300～400r/min，20mm 的孔可选择在 200～300r/min，30mm 的孔可选择在 150～200r/min，40mm 以上的孔转速通常不能高于 100r/min，防止麻花钻加工过程中由于顶面摩擦过热产生退火，失去钻削能力。

（6）用较长的钻头钻孔时，为了防止钻头跳动，可以在刀架上夹一铜棒（图 5.16），轻轻顶住钻头头部，使它对准工件的回转中心。然后缓慢进给，当钻头在工件上已正确定心，并正常钻削以后，把铜棒退出。

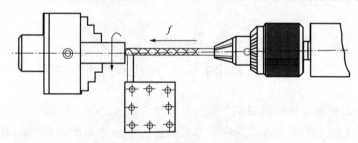

**图 5.16  在刀架上夹铜棒防止较长钻头跳动**

（7）对于小孔，可先用中心钻定心，再用麻花钻钻孔，这样钻出的孔同轴度好，尺寸正确。

（8）当钻削了一段孔以后，应把钻头退出，停车测量孔径，检查是否符合要求。

（9）钻较深的孔时，切屑不易排出，必须经常退出钻头，清除切屑。如果是很长的通孔，可以采用掉头钻孔的方法。

（10）当孔将要钻穿时，因为钻头的横刃不再参加工作，阻力大大减小，进给时就会觉得手轮摇起来很轻松，这时进给量必须减小，否则会使钻头的切削刃"咬"在工件孔内而损坏钻头，或者使钻头的锥柄在尾座锥孔内打转，把锥柄和锥孔拉毛。

（11）在车床上钻孔时，切削液很难深入切削区，特别是深孔就更加困难，钻削中应经常摇出钻头，以利排屑和冷却钻头。

## 5.12　数控车削时加工的尺寸精度如何控制

通常对于首件加工，零件的尺寸精度通常可采用磨损补偿设置与轮廓坐标尺寸修正相结合的方法实现。

首件加工尺寸精度控制的实施步骤如下：

（1）加工前设置外圆车削刀具磨损补偿数值。

（2）执行程序完成零件轮廓连续的粗、精加工。

（3）测量加工尺寸并计算每一个尺寸的实际误差。

（4）取最小的尺寸误差值修正全局磨损补偿值，根据需要修正其他轮廓坐标尺寸。

（5）搜索程序段，单独执行二次精加工。

（6）测量精度，加工结束。

## 5.13　如何实现刀尖圆弧半径补偿
### 　　　（输入补偿指令、刀尖位置号等）

### 1. 刀尖半径补偿的目的

我们在编程时，通常都将车刀刀尖作为一点来考虑，但实际上刀尖处存在圆角，如图 5.17 所示。当用按理论刀尖点编出的程序进行端面、外径、内径等与轴线平行或垂直的表面加工时，是不会产生误差的。当进行倒角、锥面及圆弧切削时，则会产生欠切或过切现象，如图 5.17 所示。为避免这种现象的发生，就需要使用刀尖圆弧自动补偿功能。

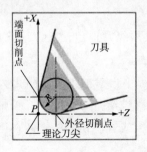
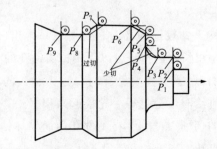

图 5.17　欠切、过切现象

### 2. 补偿方向的判定

从垂直于加工平面坐标轴的正向向加工平面观察，沿着刀具前进的方向看去，如果刀具在零件轮廓的右边，即右补偿，反之为左补偿。数控车床加工时可参考图 5.18 判定。

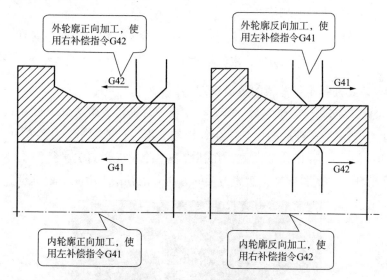

**图 5.18** 车刀左右补偿判断

### 3. 刀尖方位的判定

采用刀尖圆弧半径补偿，可加工出准确的轨迹尺寸形状。如果使用了不合适的刀具，如左偏刀换成右偏刀，那么采用同样的刀尖圆弧半径算法还能保证加工准确吗？由此，就引出了刀尖方位的概念（图 5.19）。

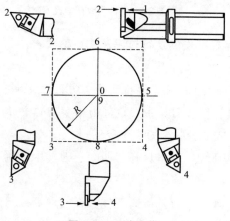

**图 5.19** 刀尖方位

图 5.19 所示为按假想刀尖方位以数字代码对应的各种刀具装夹放置的情况。如果以刀尖圆弧中心作为刀位点进行编程，则应选用 0 或 9 作为刀尖方位号。只有在刀具数据库内按刀具实际放置情况设置相应的刀尖方位代码，才能保证对它进行正确的刀具补偿，否则，将会出现不合要求的过切和少切现象。

常用的刀尖方位代码：外轮廓正向加工为 3 号；内轮廓正向加工为 2 号；外轮廓反向加工为 4 号；内轮廓反向加工为 1 号。

### 4. 刀尖圆弧半径补偿的数值设定

G41、G42 指令不带参数，其参数值在刀具补偿表中给出，如图 5.20 所示，由 Txxxx 指令的后两位数字（补偿号）指定；刀尖半径补偿值从 MDI 页面的补偿表中用 R 地址设置；在补偿表中除定义了刀尖半径补偿外，还定义了假想刀尖的方向号；假想刀尖的方向号由补偿表中的 T 地址设置。

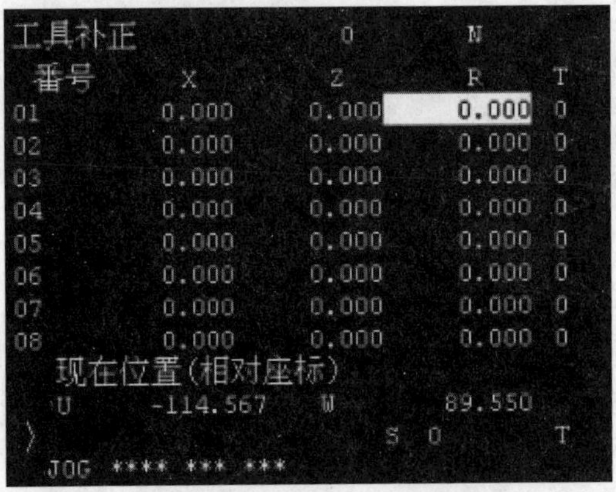

图 5.20　刀具参数补偿表

### 5. 刀尖圆弧半径补偿的执行过程及注意事项

1）执行过程

在实际加工中，刀尖圆弧半径自动补偿功能的执行过程分为以下三步：

（1）建立刀具补偿。刀具中心轨迹由指令 G41、G42 确定，在原来编程轨迹基础上增加或减少一个刀尖半径值。

（2）进行刀具补偿。在刀具补偿期间，刀具中心轨迹始终偏离工件一个刀尖半径值。

（3）撤销刀具补偿。刀具撤离工件，补偿取消，与建立刀尖半径补偿一样，刀具中心轨迹要比程序轨迹增加或减少一个刀尖半径值。

2）注意事项

刀尖圆弧半径补偿功能及指令在使用中，应注意以下几点：

（1）刀具补偿的设定和取消不应在 G02、G03 圆弧轨迹程序上实施。

（2）设定和取消刀具半径补偿时，刀具位置的变化是一个渐变的过程。

（3）若输入刀具补偿数据时给的是负值，则 G41、G42 互相转化。

（4）G41、G42 指令不要重复规定，否则会产生一种特殊的补偿。

## 5.14　如何合理使用恒转速及恒线速

恒线速与恒转速主要应用于控制数控车床的主轴转速，应用 G96（恒线速控制）和 G97（恒转速控制）实现。恒线速控制在端面加工和连续轮廓加工中应用，可以获得表面质量的高一致性，可充分体现数控车床的加工优势。但由于恒线速加工过程中，主轴转速需要实现无级变速，所以对机床主轴的控制能力提出了一定的要求，并且有一些如螺纹加工、钻孔加工时，只能使用恒转速功能。所以在数控车削过程应合理选用恒线速与恒转速功能。

（1）对于轮廓粗加工以及直径变化不大的轮廓精加工，采用恒转速功能即可。

（2）表面质量要求较高和轮廓直径变化较大的零件，精加工车削时应采用恒线速功能。

（3）大直径端面加工，为保证端面加工的表面质量，可采用恒线速控制。

（4）螺纹加工以及钻孔加工时不能采用恒线速功能。

（5）使用恒线速功能前，主轴应有启动转速，且必须使用最高转速限定功能限定机床的最高转速。

## 5.15　常见的数控加工工艺文件都包括什么

数控加工工艺文件是数控加工工艺设计的内容之一，它不仅是进行数控加工和产品验收的依据，也是操作者遵守和执行的规程，同时还为产品零件重复生产积累了必要的工艺资料，完成了技术储备。常见的数控加工工艺文件主要包括以下几种类型。

### 1. 数控加工编程任务书

编程任务书是编程人员与工艺人员协调工作和编制数控程序的重要依据之一，它阐明了工艺人员对数控加工工序的技术要求、工序说明和数控加工前应保证的加工余量，见表5.5。

表 5.5    数控编程任务书

| 工艺处 | 数控编程任务书 | 产品零件图号 | | 任务书编号 | |
|---|---|---|---|---|---|
| | | 零件名称 | | | |
| | | 使用数控设备 | | 共 页第 页 | |

主要工序说明及技术要求：

| | 编程收到日期 | 月  日 | 经手人 | |
|---|---|---|---|---|
| | | | | |

| 编 制 | 审 核 | 编 程 | 审 核 | 批 准 |
|---|---|---|---|---|

### 2. 数控加工工序卡

数控加工工序卡与普通加工工序卡很相似，所不同的是：工序简图中应注明编程原点与对刀点，要有编程说明及切削参数的选择等，它是操作人员进行数控加工的主要指导性工艺资料，如表5.6所示。

表 5.6    数控加工工序卡

| 单  位 | 数控加工工序卡片 | 产品名称或代号 | | 零件名称 | 零件图号 |
|---|---|---|---|---|---|
| 工序简图 | | 车  间 | | 使用设备 | |
| | | | | | |
| | | 工艺序号 | | 程序编号 | |
| | | | | | |
| | | 夹具名称 | | 夹具编号 | |
| | | | | | |

| 工步号 | 工步作业内容 | 加工面 | 刀具号 | 刀补量 | 主轴转速 | 进给速度 | 背吃刀量 | 备 注 |
|---|---|---|---|---|---|---|---|---|
| | | | | | | | | |
| | | | | | | | | |
| | | | | | | | | |

| 编 制 | 审 核 | 批 准 | | 年 月 日 | 共 页 | 第 页 |
|---|---|---|---|---|---|---|

### 3. 数控加工刀具卡片

数控加工时，对刀具的要求十分严格，一般要在机外对刀仪上预先调整刀具直径和长度。刀具卡片是组装刀具和调整刀具的依据，主要反映刀具编号、刀具结构、尾柄规格、组合件名称代号、刀片型号和材料等，如表5.7所示。

表 5.7　数控加工刀具卡

| 产品名称或代号 | | | 零件名称 | | 零件图号 | | |
|---|---|---|---|---|---|---|---|
| 序　号 | 刀具号 | 刀具规格名称 | 数　量 | 加工表面 | | | 备　注 |
| | | | | | | | |
| | | | | | | | |
| | | | | | | | |
| 编　制 | | 审　核 | | 批　准 | | 共　页 | 第　页 |

### 4. 数控加工工件安装和原点设定卡片

数控加工工件安装和原点设定卡片应表示出数控加工原点的定位方法和夹紧方法，并应注明加工原点设置位置和坐标方向、使用的夹具名称和编号等，如表5.8所示。

表 5.8　数控加工工件安装和原点设定卡

| 零件图号 | | 数控加工工件安装和原点设定卡片 | 工序号 | |
|---|---|---|---|---|
| 零件名称 | | | 装夹次数 | |
| | | | | |
| | | | | |
| | | | | |
| 编制（日期） | | 批准（日期） | 第　页 | |
| 审核（日期） | | | 共　页 | 序号　夹具名称　　夹具图号 |

### 5. 数控加工走刀路线图

在数控加工中，常常要注意并防止刀具在运动过程中与夹具或工件发生意外碰撞，为此必须设法告诉操作者关于编程中的刀具运动路线，刀具从哪里下刀、在哪里抬刀、哪里是斜下刀等。为简化走刀路线图，一般可采用统一约定的符号来表示。不同的机床可以采用不同的图例与格式，表5.9所示为一种常用格式。

表 5.9　数控加工走刀路线图

| 数控加工走刀路线图 | | 零件图号 | | 工序号 | | 工步号 | | 程序号 | | |
|---|---|---|---|---|---|---|---|---|---|---|
| 机床型号 | | 程序段号 | | 加工内容 | | | | 共　页 | | 第　页 |
| | | | | | | | | 编　程 | | |
| | | | | | | | | 校　对 | | |
| | | | | | | | | 审　批 | | |
| 符　号 | ⊙ | ⊗ | ◕ | •→ | → | ←↓ | ○----- | ∿ | ▱ | |
| 含　义 | 抬　刀 | 下　刀 | 编程原点 | 起刀点 | 走刀方向 | 走刀线相交 | 爬斜坡 | 铰孔 | 行　切 | |

# 第**6**章
# 数控车削加工典型案例

## ❖❖ 6.1 如何进行简单阶梯轴加工

### 1. 学习目标

（1）熟练掌握运用直线插补指令——G01 编程的方法；

（2）掌握阶梯轴的外圆、倒角的加工方法；

（3）掌握对刀方法；

（4）学会尺寸修正方法；

（5）能够正确使用量具检验阶梯轴相关尺寸。

### 2. 零件图分析

该零件为简单阶梯轴，如图 6.1 所示，材料为 45 号钢，总长 65mm，毛坯直径为 40mm，倒角 1mm，表面质量要求较高，为 $Ra1.6\mu m$，关键尺寸有 4 个，分别是 $38_{-0.062}^{0}$、$28_{-0.052}^{0}$、$24_{-0.052}^{0}$、$40_{-0.08}^{0.08}$。

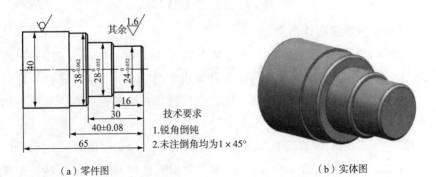

（a）零件图　　　　　　　　　　　　（b）实体图

图 6.1　阶梯轴

### 3. 零件加工刀具卡设置

本案例加工的材料是 45 号钢，故采用硬质合金刀片的机夹式车刀；刀具规格为 90° 外圆车刀，使得车削外圆时作用于工件径向的力小，避免产生震动以及变形。由于该零件没有凹形轮廓，所以粗加工时选择 0.8mm 的刀尖圆弧，增大刀头强度，提升刀体散热能力；精加工时为避免发生颤振，因此选用刀尖圆弧为 0.4 ㎜的车刀。刀具加工时的位置如图 6.2（a）所示，对应图 6.2（b）刀尖方位表可知，此加工模式下的刀尖位置号为"3"。本实例所采用的刀具及相关参数见表 6.1。

表 6.1　阶梯轴加工刀具卡

| 产品名称或代号 | | | 零件名称 | 阶梯轴 | 零件图号 | | 6-1 | |
|---|---|---|---|---|---|---|---|---|
| 序　号 | 刀具编号 | 刀具名称 | 数　量 | 加工表面 | 刀尖半径 R/mm | 刀尖方位 T | 备　注 | |
| 1 | T01 | 90° 硬质合金外圆车刀 | 1 | 粗车外轮廓 | 0.8 | 3 | | |
| 2 | T02 | 90° 硬质合金外圆车刀 | 1 | 精车外轮廓 | 0.4 | 3 | | |
| 编　制 | | 审　核 | | 批　准 | | 共 1 页 | | 第 1 页 |

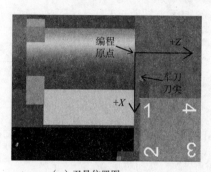

（a）刀具位置图

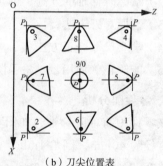

（b）刀尖位置表

图 6.2　刀尖位置判断

### 4. 加工方案及操作步骤

如图 6.3 所示，根据零件的工艺特点和毛坯尺寸 $\phi 40mm \times 65mm$，确定加工方案：采用三爪卡盘装夹，工件伸出卡盘 50mm，加工零件外轮廓尺寸至图纸要求。加工前先对刀，设置编程原点在右端面中心，坐标系如图 6.3 所示，加工程序名为 O0601。

该零件的加工过程为先进行粗加工，先加工 $\phi 38mm$、$\phi 28mm$、$\phi 24mm$ 的尺寸，同时留 0.1mm 的精加工余量；然后对零件进行精加工并倒角，加工过程如图 6.4 所示，加工工艺卡片如表 6.2 所示。

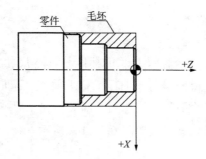

图 6.3　编程坐标系构建

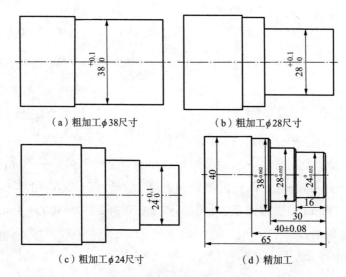

（a）粗加工 $\phi 38$ 尺寸　　　　　　　　（b）粗加工 $\phi 28$ 尺寸

（c）粗加工 $\phi 24$ 尺寸　　　　　　　　（d）精加工

图 6.4　零件加工过程示意图

表 6.2　阶梯轴加工工序卡

| 单位名称 | | 产品名称或代号 | | 零件名称 | | 零件图号 |
|---|---|---|---|---|---|---|
| | | | | 阶梯轴 | | SXC701 |
| 工序号 | 程序编号 | 夹具名称 | 使用设备 | 数控系统 | | 车　间 |
| 001 | O7001 | 三爪卡盘 | CKA6150 | BEIJING-FANUC 0i-Mate | | 实习车间 |
| 工步号 | 工步内容 | 刀具号 | 刀具规格 /mm | 主轴转速 $n$/（r/min） | 进给量 $F$/（mm/r） | 背吃刀量 $a_P$/mm | 备注 （程序名） |
| 1 | 粗车外轮廓， 留余量 1mm | T01 | $25 \times 20$ | 400 | 0.2 | 2～3 | 自动 （O7001） |
| 2 | 精车各表面至 尺寸要求 | T02 | $25 \times 20$ | 500 | 0.1 | 0.05 | 自动 （O7001） |
| 编　制 | | 审　核 | | 批　准 | 共 1 页 | 第 1 页 |

**5．编程及操作要点**

（1）编程尺寸计算。

由于零件的尺寸由公称尺寸（旧标准称基本尺寸）、上极限偏差（旧标准称上偏差）和下极限偏差（旧标准称下偏差）组成，如图6.5（a）所示。为保证加工精度，编程时应选用中间偏差 $\Delta_0$，中间偏差 $\Delta_0$ 以及编程时的编程尺寸 $A$ 值的计算公式如图6.5（b）所示。

$$A_0{}^{es}_{ei}$$

其中：

$A_0$——公称尺寸
$es$——上极限偏差
$ei$——下极限偏差
$\Delta_0$——中间偏差
$A$——编程尺寸

$$\Delta_0 = \frac{1}{2}(es+ei)$$
$$A=A_0+\Delta_0$$

（a）尺寸公差　　　　　　　　（b）计算公式

图6.5　编程尺寸计算

例如 $38^{0}_{-0.062}$ 的尺寸，公称尺寸 $A_0=38mm$，上极限偏差 $es=0mm$，下极限偏差 $ei=-0.062mm$，因此由中间偏差 $\Delta_0$ 的计算公式 $\Delta_0=1/2(es+ei)$，可得尺寸 38mm 的中间偏差 $\Delta_0=1/2[0+(-0.062)]=-0.031$（mm）；所以尺寸 38 的编程尺寸 $A=A_0+\Delta_0=38+(-0.031)=37.969$（mm）。由此可得该零件图中各公差尺寸的编程尺寸，如表6.3所示。

表6.3　编程尺寸计算

| 序 号 | 标注尺寸 /mm | 公称尺寸（$A_0$） | 上极限偏差（$es$）/mm | 下极限偏差（$ei$）/mm | 编程尺寸 /mm |
|---|---|---|---|---|---|
| 1 | $38^{0}_{-0.062}$ | 38 | 0 | −0.062 | 37.969 |
| 2 | $28^{0}_{-0.052}$ | 28 | 0 | −0.052 | 27.974 |
| 3 | $24^{0}_{-0.052}$ | 24 | 0 | −0.052 | 23.974 |
| 4 | $40^{0.08}_{-0.08}$ | 40 | 0.08 | −0.08 | 40 |

（2）坐标点计算。

根据前面计算得到的编程尺寸、零件图以及建立的坐标系，可计算出各点的公称尺寸坐标和编程尺寸坐标，如图6.6所示。

（3）零件加工流程的确定。

零件的车削流程为刀架从数控车床的机床原点位置快速移动到换刀点

位置，为保证刀架换刀时不发生干涉，将换刀位置设为 $X=200$，$Z=200$，如图 6.7 所示；然后刀具快速移动到加工循环起始点（根据问题 5.7 的选择原则，将循环起始点设为 $X=42$，$Z=2$）；然后刀具开始加工；加工完后先退回循环起始点，然后退回换刀点安全位置。

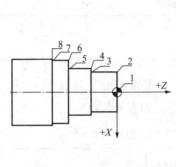

| 序号 | 公称尺寸 | | 编程尺寸 | |
|---|---|---|---|---|
| | $Z$ | $X$ | $Z$ | $X$ |
| 1 | 0.00 | 0.00 | 0.00 | 0.00 |
| 2 | 0.00 | 24.00 | 0.00 | 23.974 |
| 3 | −16.00 | 24.00 | −16.00 | 23.974 |
| 4 | −16.00 | 28.00 | −16.00 | 27.974 |
| 5 | −30.00 | 28.00 | −30.00 | 27.974 |
| 6 | −30.00 | 38.00 | −30.00 | 37.969 |
| 7 | −40.00 | 38.00 | −40.00 | 37.969 |
| 8 | −40.00 | 40.00 | −40.00 | 40.00 |

（a）关键点位置　　　　　　　　　（b）关键点坐标

图 6.6　零件关键位置坐标

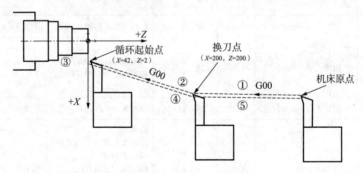

图 6.7　零件加工流程

（4）切削参数的选用。

由于该阶梯轴为合金钢，查表 5.1 可知，粗加工时，被吃刀量（车刀切削深度）$a_p$ 选择 2～3mm，进给速度 $F$ 选择 0.2mm/r；精加工时，被吃刀量 $a_p$ 选择 0.1～0.2mm，进给速度 $F$ 选择 0.1mm/r，切削速度选择 50m/min。所以，粗加工结束后应留 0.2mm（刀具切削深度为 0.1mm）的精加工余量，切削速度选择 60m/min。由切削速度公式：$v_c = \dfrac{\pi \cdot d \cdot n}{1000}$ 可得 $n = \dfrac{1000v_c}{\pi d}$，由此可计算出粗加工时的主轴转速 $n=398$，取 400，精加工

时的主轴转速 $n$=477，取 500，如表 6.4 所示。

表 6.4 切削参数

| | $F/$（mm/r） | $v/$（m/min） | $n/$（r/min） | 备　注 |
|---|---|---|---|---|
| 粗加工 | 0.2 | 50 | 400 | |
| 精加工 | 0.1 | 60 | 500 | |

（5）编程指令的选用。

由于零件为阶梯轴，轮廓只有直线构成，所以粗加工采用内外圆单次固定切削循环指令 G90；精加工采用直线插补指令 G01 沿着零件轮廓走刀，刀具定位时采用快速定位指令 G00，如表 6.5 所示。

表 6.5　编程指令的选用

| 序　号 | 功　能 | 数控指令 | 目标点坐标 $x$ | 目标点坐标 $z$ | 编程指令 | 备　注 |
|---|---|---|---|---|---|---|
| 1 | 刀具从机床原点快速定位至换刀点 | G00 | 200 | 200 | G00 X200.0 Z200.0； | 图 6.7 步骤 1 |
| 2 | 刀具从换刀点快速定位至循环起始点 | G00 | 42 | 2 | G00 X42.0 Z2.0； | 图 6.7 步骤 2 |
| 3 | 粗加工 $\phi$38mm 尺寸 | G90 | 38 | -40 | G90 X38.0 Z-40.0 F0.2； | 图 6.4（a） |
| 4 | 粗加工 $\phi$28mm 尺寸 | G90 | 28 | -30 | G90 X33.0 Z-30.0 F0.2；<br>G90 X28.0 Z-30.0 F0.2； | 分两刀，每次车削 5mm（切深 2.5mm），图 6.4（b） |
| 5 | 粗加工 $\phi$24mm 尺寸 | G90 | 24 | -16 | G90 X24.0 Z-16.0 F0.2； | 图 6.4（c） |
| 6 | 精加工轮廓 | G01 | | | G00 X0；<br>G01 X23.974 C1 F0.1；<br>G01 Z-16.0；<br>G01 X27.974 C1；<br>G01 Z-30.0；<br>G01 X37.969 C1；<br>G01 Z-40.0； | 图 6.4（d） |
| 7 | 刀具退回至循环起始点 | G00 | 42 | 2 | G00 X200.0 Z200.0； | 图 6.7 步骤 4 |
| 8 | 刀具退回至换刀安全位置 | G00 | 200 | 200 | G00 X42.0 Z2.0； | 图 6.7 步骤 5 |

（6）精加工余量设置。

由于使用 1 号刀进行粗加工后，需要留 0.2mm 的加工余量，这里可以通过设定磨耗值来进行调整。首先在编程控制面板中选择 "OFFSET" / 磨耗，找到 1 号刀的 $X$ 位置，在该位置输入 0.2/"input"，如图 6.8 所示，这样在 $X$ 轴方向（径向）留了 0.2mm 的加工余量。

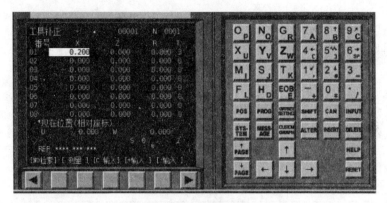

图 6.8 加工磨耗设置

### 6. 零件加工过程

零件的加工过程如图 6.9 所示。

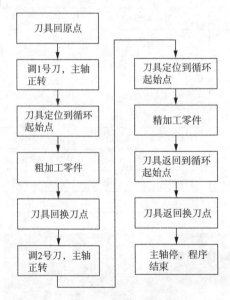

图 6.9 编程流程

### 7. 程序及注释

该零件的加工程序及注释如表 6.6 所示，零件的整个加工过程如图 6.10 所示。

表 6.6 阶梯轴数控加工程序及注释

| 程序 | 注释 |
|---|---|
| O1; | 程序名 |
| G97 G90 G40 G99 G21; | 程序开头，进行程序参数设定 |
| M3 S400; | 主轴正转，400r/min |
| T0101; | 换 1 号刀，参见图 6.10（a） |
| G00 X200.0 Z200.0; | 刀具由机床原点快速定位至换刀点位置，参见图 6.10（b） |
| G00 X42.0 Z2.0; | 刀具由换刀点定位至循环起始点，参见图 6.10（c） |
| G90 X38.0 Z-40.0 F0.2; | 粗加工 $\phi$38 尺寸，参见图 6.10（d） |
| G90 X33.0 Z-30.0 F0.2;<br>G90 X28.0 Z-30.0 F0.2; | 粗加工 $\phi$28 尺寸，参见图 6.10（e） |
| G90 X24.0 Z-16.0 F0.2; | 粗加工 $\phi$24 尺寸，参见图 6.10（f） |
| G00 X200.0 Z200.0; | 刀具返回至换刀点位置，参见图 6.10（b） |
| M01; | 选择性暂停 |
| S500; | 提高转速，转速为 500r/min |
| T0202; | 换 2 号刀至加工位置 |
| G00 X42.0 Z2.0; | 定位至循环起始点 |
| G0 X0;<br>G01 X23.974 C1 F0.1;<br>G01 Z-16.0;<br>G01 X27.974 C1;<br>G01 Z-30.0;<br>G01 X37.969 C1;<br>G01 Z-40.0; | 精加工轮廓，参见图 6.10（g） |
| G00 X42.0 Z2.0; | 刀具退回至循环起始点 |
| G00 X200.0 Z200.0; | 刀具退回至换刀安全位置，参见图 6.10（h） |
| M5; | 主轴停止 |
| M30; | 程序结束 |

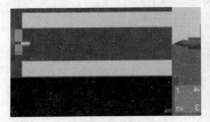

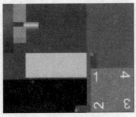

（a）机床原点 　　　　　（b）换刀点 　　　　　（c）循环起始点

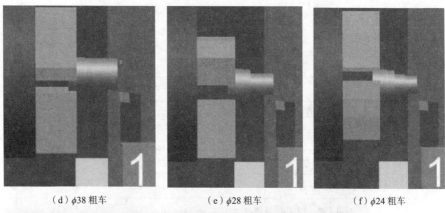

（d）φ38 粗车　　　　　　（e）φ28 粗车　　　　　　（f）φ24 粗车

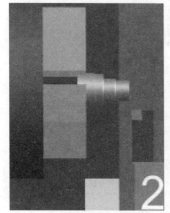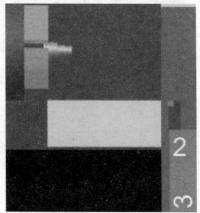

（g）精加工轮廓　　　　　　　　（h）回安全点位置

图 6.10　零件加工流程

## 8. 加工操作流程

（1）加工前准备及设备检查；

（2）开机回原点；

（3）安装毛坯和刀具；

（4）对刀；

（5）输入程序；

（6）设定刀具参数、磨耗值等；

（7）自动运行加工；

（8）检测；

（9）清理设备。

### 9．评分表

该零件的评分如表 6.7 所示。

表 6.7 零件评分表

| 班　级 | | | 姓　名 | | 学　号 | | 日　期 | |
|---|---|---|---|---|---|---|---|---|
| 实训名称 | | 阶梯轴的加工 | | | | 零件图号 | | |

| 基本检查 | 编程 | 序　号 | 检测项目 | | | 配分 | 学生自评分 | 教师评分 |
|---|---|---|---|---|---|---|---|---|
| 基本检查 | 编程 | 1 | 切削加工工艺制定正确 | | | 2 | | |
| 基本检查 | 编程 | 2 | 切削用量选用合理 | | | 2 | | |
| 基本检查 | 编程 | 3 | 程序正确、简单明确且规范 | | | 6 | | |
| 基本检查 | 操作 | 4 | 设备的正确操作与维护保养 | | | 2 | | |
| 基本检查 | 操作 | 5 | 安全、文明生产 | | | 3 | | |
| 基本检查结果总计 | | | | | | 15 | | |

| 尺寸检测 | 序号 | 图样尺寸/mm | 允差/mm | 量具 | | 配分 | 实际尺寸 | | 分数 |
|---|---|---|---|---|---|---|---|---|---|
| | | | | 名　称 | 规格/mm | | 学生自测 | 教师检测 | |
| 尺寸检测 | 1 | 外圆 $\phi 38$ | $\begin{array}{c}0\\-0.062\end{array}$ | 千分尺 | 25～50 | 18 | | | |
| 尺寸检测 | 2 | 外圆 $\phi 28$ | $\begin{array}{c}0\\-0.022\end{array}$ | 千分尺 | 25～50 | 18 | | | |
| 尺寸检测 | 3 | 外圆 $\phi 24$ | | 千分尺 | 0～25 | 18 | | | |
| 尺寸检测 | 4 | 长 40 | ±0.08 | 游标卡尺 | 0～125 | 15 | | | |
| 尺寸检测 | 5 | 表面粗糙度 | 1.6μm | 粗糙度比较样板 | | 10 | | | |
| 尺寸检测 | 6 | 表面粗糙度 | 3.2μm | 粗糙度比较样板 | | 6 | | | |
| 尺寸检测 | | | | | | | | | |
| 尺寸检测 | | | | | | | | | |
| 尺寸检测 | | | | | | | | | |
| 尺寸检测结果总计 | | | | | | 85 | | | |

| 基本检查结果 | | 尺寸检测结果 | | 成　绩 | |
|---|---|---|---|---|---|
| | | | | | |

学生签字：　　　　　　　　　　　　　　　　指导教师签字：

## 6.2 如何进行螺纹套零件的数控加工

### 1. 学习目标

（1）掌握套类零件的加工工艺流程；

（2）掌握螺纹底孔及切削深度的计算方法；

（3）掌握内孔车刀的安装、对刀方法及半径补偿的应用；

（4）学会 G71\G92\G41\G42\G40 等指令；

（5）能够正确使用相关量具检验孔径及螺纹的测量。

### 2. 零件图分析

该零件为带螺纹的套类零件，如图 6.11 所示，材料为 45 号钢，总长 40mm，毛坯长度和直径都为 45mm，螺纹两端倒角为 1.5mm，其余倒角为 1mm，表面质量要求较高，为 $Ra1.6\mu m$，关键尺寸有 5 个，分别是 $42_{-0.062}^{0}$、$30_{0}^{+0.033}$、$17_{0}^{+0.05}$、$36_{-0.062}^{0}$、$40_{-0.05}^{+0.05}$。零件需要加工 M24×1.5mm 的螺纹，加工前需计算出螺纹底孔直径和每次切削深度。该零件带公差尺寸多，精度要求较高，需要掉头装夹，分别对内外面进行加工。

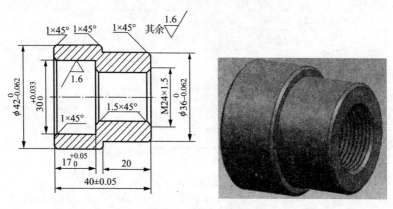

图 6.11 螺纹套零件

### 3. 毛坯和刀具

加工该零件用的毛坯材料为 45 号钢，尺寸为 $\phi$45mm×45mm，所用的刀具共有六把，分别是粗车外圆车刀、精车外圆车刀、内孔车刀、内孔螺纹刀、中心钻以及钻头。工艺工装如图 6.12 所示，刀具规格如表 6.8 所示。

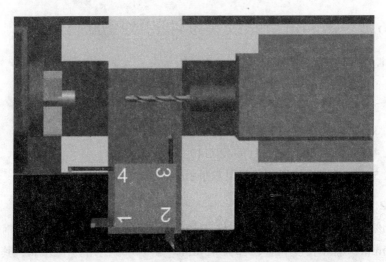

图 6.12 工艺工装

表 6.8 螺纹套加工刀具卡

| 产品名称或代号 | | | | | 零件名称 | 螺纹套 | 零件图号 | LWT | |
|---|---|---|---|---|---|---|---|---|---|
| 序号 | 刀具号 | 刀具名称 | 数量 | | 加工表面 | | 刀尖半径 $R$/mm | 刀尖方位 T | 备注 |
| 1 | T01 | 90º 硬质合金偏刀 | 1 | | 粗车外轮廓 | | 0.8 | 3 | |
| 2 | T02 | 90º 硬质合金偏刀 | 1 | | 精车外轮廓 | | 0.2 | 3 | |
| 3 | T03 | 镗孔车刀 | 1 | | 粗、精镗内孔 | | 0.4 | 2 | |
| 4 | T04 | 60º 硬质合金内螺纹车刀 | 1 | | 车内螺纹 | | 0.2 | / | |
| 5 | | 中心钻 | 1 | | 钻 $\phi$3A 型中心孔 | | 安装至尾座 | | |
| 6 | | 钻头 | 1 | | 钻 $\phi$18 孔 | | 安装至尾座 | | |
| 编 制 | | 审 核 | | | 批 准 | | 共 1 页 | 第 1 页 | |

### 4．加工方案

（1）夹零件毛坯伸出卡盘 25mm，车端面，钻中心孔，钻 $\phi$18mm 孔；

（2）加工零件右端外轮廓至 $\phi$36×23mm 处，车削零件轴肩倒角及零件右端内、外倒角。设置编程原点在零件右端面中心，加工程序名为 O60201。

（3）零件调头，包紫铜皮夹 $\phi$30mm 外圆，同时找正 $\phi$30mm 外圆面的同轴度，车端面保总长，加工程序名为 O60212。

（4）加工零件左端 $\phi$42mm 外圆，加工零件内轮廓至尺寸要求，车内螺纹。设置编程原点在零件右端面中心上，加工程序名为 O60202。加工流程如图 6.13，工艺表如表 6.9 所示。

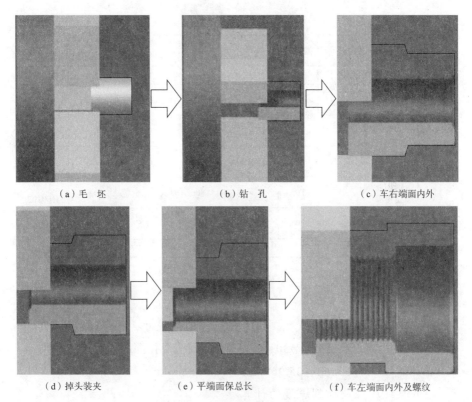

（a）毛　坯　　　　　　（b）钻　孔　　　　　　（c）车右端面内外

（d）掉头装夹　　　　（e）平端面保总长　　　（f）车左端面内外及螺纹

**图 6.13　螺纹套加工流程**

**表 6.9　螺纹套加工工序卡**

| 单位名称 | 实习厂 | 产品名称或代号 | | 零件名称 | | 零件图号 |
|---|---|---|---|---|---|---|
| | | | | 螺纹套 | | LWT |
| 工序号 | 程序编号 | 夹具名称 | 使用设备 | 数控系统 | | 车间 |
| 001 | O60202 | 三爪卡盘 | CKA6150 | BEIJING-FANUC 0i-Mate | | 实习车间 |
| 工步号 | 工步内容 | 刀具号 | 刀具规格/mm | 主轴转速 $n$/(r/min) | 进给量 $F$/(mm/r) | 背吃刀量 $a_{\mathrm{p}}$/mm | 备注（程序号） |
| 1 | 平端面 | T01 | 25 × 20 | 600 | 0.15 | 1.0 | 手动 |
| 2 | 钻中心孔 | | $\phi$3A 型 | 800 | 0.2 | | 手动 |
| 3 | 钻孔 | | $\phi$18 | 400 | 0.05 | | 手动 |
| 4 | 粗车右端外轮廓留余量 0.5mm | T01 | 25 × 20 | 600 | 0.25 | 1.5 | 自动（O60201） |
| 5 | 精车右端各表面至尺寸要求 | T02 | 25 × 20 | 800 | 0.15 | 0.5 | 自动（O60201） |
| 6 | 镗右端孔得倒角 | T03 | 25 × 20 | 600 | 0.15 | 1.0 | 自动（O60201） |

| 工步号 | 工步内容 | 刀具号 | 刀具规格 /mm | 主轴转速 n/(r/min) | 进给量 F/(mm/r) | 背吃刀量 $a_p$/mm | 备注 （程序号） |
|---|---|---|---|---|---|---|---|
| 7 | 掉头，平端面保总长 | T01 | 25×20 | 600 | 0.15 | 1.0 | （O060212） |
| 8 | 粗车左端外轮廓留余量 0.5mm | T01 | 25×20 | 600 | 0.25 | 1.5 | 自动 （O060202） |
| 9 | 精车左端各表面至尺寸要求 | T02 | 25×20 | 800 | 0.15 | 0.5 | 自动 （O060202） |
| 10 | 粗镗内轮廓留余量 0.5mm | T02 | 25×20 | 600 | 0.25 | 1.5 | 自动 （O060202） |
| 11 | 精镗内轮廓各表面至尺寸要求 | T02 | 25×20 | 800 | 0.15 | 0.5 | 自动 （O060202） |
| 12 | 粗、精加工螺纹 | T04 | 25×20 | 400 | 1.5 | | 自动 （060202） |
| 编　制 | 审　核 | | | 批　准 | | 共1页 | 第1页 |

### 5. 编程尺寸计算

1）编程尺寸计算

根据图 6.5 的计算公式，图纸上带公差值的尺寸，编程时取极限尺寸的平均值。由此可得 $\phi42$、$\phi30$、$\phi36$ 外圆面及 17 孔深的编程尺寸分别为：41.969mm、30.0165mm、35.969mm、17.025mm。

2）螺纹底径及切削深度的计算

（1）螺纹底径计算。

查表 5.4 可得，螺距 $P=1.5$ 的螺纹的深度 $h$ 为 0.974（半径值），因此螺纹牙顶直径 $D_1 = D-2 \times h = 24-2 \times 0.974 = 22.052$（$D$ 为牙根直径）。同时在实际车削过程中，由于挤压导致螺纹牙型变高，因此需将螺纹牙顶直径扩大 0.2mm，因此 M24×1.5 的螺纹最终应车削到的尺寸为 $22.052+0.2 \approx 22.25$mm，如图 6.14 所示。

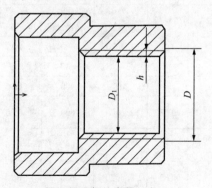

图 6.14　螺纹参数示意图

（2）每次切削深度。

查表 5.4 可得，该型号螺纹分五次车削，每次切削的深度和切削后的尺寸如表 6.10 所示。

表 6.10　螺纹加工尺寸计算

| 走　刀 | 切削深度 /mm | 切削后尺寸 /mm |
|---|---|---|
| 初始尺寸 | | 22.25 |
| 第一刀 | 0.8 | 23.05 |
| 第二刀 | 0.6 | 23.65 |
| 第三刀 | 0.4 | 24.05 |
| 第四刀 | 0.16 | 24.21 |

3）加工过程示意图

该零件内孔加工流程为，先执行步骤 1：刀具由机床原点快速定位到换刀点；完成换刀后，再执行步骤 2：快速定位到循环起始点，然后开始加工零件（步骤 3），加工完毕后刀具返回换刀点，最后回机床原点，如图 6.15 所示。

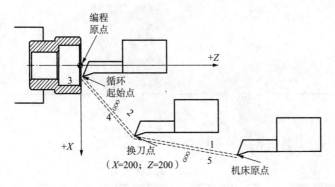

图 6.15　内孔加工流程示意图

**6．加工注意事项**

（1）掉头装夹找正后，不能损伤零件已加工表面，同时通过 $Z$ 向加磨耗的方法调整 $40^{+0.05}_{-0.05}$ 尺寸。

（2）装夹内螺纹车刀时，用三角螺纹样板对螺纹刀。

（3）加工内轮廓时，通过 $Z$ 向加磨耗的方法调整 17 的尺寸，保证配合尺寸 $17^{0.1}_{0}$mm。

（4）加工内螺纹时，用螺纹塞规检验，通过加磨耗的方法调整牙深尺寸，保证与外螺纹的连接松紧合适；加工到最终尺寸后，在尺寸不变情况下，多车削一刀，避免弹性变形影响螺纹加工精度。

**7. 参考程序**

（1）程序原点设置及加工内容，如表 6.11 所示。

表 6.11　加工程序原点设置及加工内容

| 程序名 | 加工内容 | 编程原点（右端面中心） | 加工结果 |
|---|---|---|---|
| O60201 | 加工零件右端及内孔倒角 | 编程原点 | |
| O60212 | 加工零件左端—平端面保总长 | 编程原点 | |
| O60202 | 加工零件左端外圆及内孔和螺纹 | 编程原点 | |

（2）加工程序。

加工程序具体内容如表 6.12 所示。

表 6.12　加工程序

| 程序号：O60201（套的右端加工程序） | | |
|---|---|---|
| 程序段号 | 程序内容 | 说　明 |
| N10 | G40 G97 G99 M03 S600 F0.25; | 主轴正转 600r/min，进给量 0.25 mm/r |
| N20 | T0101; | 换刀 T0101 |
| N30 | M08; | 切削液开 |
| N40 | G00 X45.0 Z2.0; | 快速进刀至循环起点 |
| N50 | G71 U1.5 R0.5; | 粗车循环，切削深度 1.5mm，退刀量 0.5mm |
| N60 | G71 P70 Q150 U0.5 W0.05; | 精车路线为 N70～N150，X 向精车余量 0.5mm，Z 向精车余量 0.05mm |
| N70 | G00 X0; | 快速进刀 |
| N80 | G01 G42 Z0; | 刀具右补偿，精加工轮廓起点 |
| N90 | 　X33.969; | 倒角起点 |
| N100 | 　X35.969 Z-1.0; | 车倒角 |

续表 6.12

| 程序号：O60201（套的右端加工程序） | | |
|---|---|---|
| 程序段号 | 程序内容 | 说　明 |
| N110 | Z-20.0； | 车外圆 |
| N120 | X39.969； | 车阶台 |
| N130 | X41.969 Z-21.0； | 车倒角 |
| N140 | X45.0； | X 向退刀 |
| N150 | G01 G40 X46.0； | 取消刀补 |
| N160 | G00 X200.0 Z2.0； | 快速退刀至换刀点 |
| N170 | M09； | 切削液停 |
| N180 | M05； | 主轴停 |
| N190 | T0202； | 换刀 T0202 |
| N200 | M03 S800 F0.12； | 主轴正转 800r/min，进给量 0.12 mm/r |
| N210 | M08； | 切削液开 |
| N220 | G00 X45.0 Z2.0； | 快速进刀至循环起点 |
| N230 | G70 P70 Q150； | 精车循环 |
| N240 | G00 X200.0 Z100.0； | 快速退刀至换刀点 |
| N250 | M09； | 切削液停 |
| N260 | M05； | 主轴停 |
| N270 | T0303； | 换刀 T0303 |
| N280 | M03 S600 F0.25； | 主轴正转 600r/min，进给量 0.25 mm/r |
| N290 | M08； | 切削液开 |
| N300 | G00 X20.0 Z2.0； | 快速进刀 |
| N310 | G01 G41 X0； | 左刀补，内孔倒角第一刀的起点 |
| N320 | X18.0 | 准备内孔倒角第一刀 |
| N330 | Z-1.0； | 内孔倒角第一刀 |
| N340 | G00　Z2.0； | Z 向快速退刀 |
| N350 | X22.0； | X 向快速进刀 |
| N360 | G01　Z0； | 内孔倒角第二刀的起点 |
| N370 | X18.0 Z-2.0； | 内孔倒角第二刀 |
| N380 | G00　Z2.0； | Z 向快速退刀 |
| N390 | X23.0； | X 向快速进刀 |
| N400 | G01　Z0； | 内孔倒角第三刀的起点 |
| N410 | X18.0 Z-2.5； | 内孔倒角第三刀 |
| N420 | G00　Z100.0； | Z 向快速退刀 |
| N430 | X200.0； | X 向快速退至换刀点 |
|  | M30； | 程序结束 |

| 程序号：O60212（套的左端加工程序） | | |
|---|---|---|
| 程序段号 | 程序内容 | 说　明 |
| N10 | G40 G97 G99 M03 S600 F0.25； | 主轴正转 600r/min，进给量 0.25 mm/r |
| N20 | T0101； | 换刀 T0101 |
| N30 | M08； | 切削液开 |
| N40 | G00 X47.0 Z2.0； | 快速进刀至循环起点 |
| N50 | G72 W1.5 R0.5； | 粗车循环，切削深度 1.5mm，退刀量 0.5mm |
| N60 | G72 P70 Q150 U0.5 W0.05 F0.1； | 精车路线为 N70～N130，X 向精车余量 0.5mm |
| N70 | N70 G0 Z-5； | Z 向精车余量 0.05mm |
| N80 | G01 X-1； | 车端面 |
| N90 | Z2； | Z 向退刀 |
| N100 | N150 G0 X45； | X 向退刀 |
| N110 | G0 X100 Z100； | 快速退刀至换刀点 |
| N120 | M5； | 主轴停 |
| N130 | M30； | 程序结束 |

| 程序号：O60202（套的左端加工程序） | | |
|---|---|---|
| 程序段号 | 程序内容 | 说　明 |
| N10 | G40 G97 G99 M03 S600 F0.25; | 主轴正转 600r/min，进给量 0.25 mm/r |
| N20 | T0101; | 换刀 T0101 |
| N30 | M08; | 切削液开 |
| N40 | G00 X45.0 Z2.0; | 快速进刀至循环起点 |
| N50 | G71 U1.5 R0.5; | 粗车循环，切削深度 1.5mm，退刀量 0.5mm |
| N60 | G71 P70 Q130 U0.5 W0.05; | 精车路线为 N70 ~ N130，X 向精车余量 0.5mm，Z 向精车余量 0.05mm |
| N70 | G00 X0; | 快速进刀 |
| N80 | G01 G42 Z0; | 刀具右补偿，精加工轮廓起点 |
| N90 | X39.969; | 倒角起点 |
| N100 | X41.969 Z-1.0; | 车倒角 |
| N110 | Z-20.0; | 车外圆 |
| N120 | X45.0; | X 向退刀 |
| N130 | G01 G40 X46.0; | 取消刀补 |
| N140 | G00 X200.0 Z2.0; | 快速退刀至换刀点 |
| N150 | M09; | 切削液停 |
| N160 | M05; | 主轴停 |
| N170 | T0202; | 换刀 T0202 |
| N180 | M03 S800 F0.12; | 主轴正转 800r/min，进给量 0.12 mm/r |
| N190 | M08; | 切削液开 |
| N200 | G00 X45.0 Z2.0; | 快速进刀至循环起点 |
| N210 | G70 P70 Q130; | 精车循环 |
| N220 | G00 X200.0 Z100.0; | 快速退刀至换刀点 |
| N230 | M09; | 切削液停 |
| N240 | M05; | 主轴停 |
| N250 | T0303（镗孔车刀）; | 换刀 T0303（镗孔车刀） |
| N260 | M03 S600 F0.25; | 主轴正转 600r/min，进给量 0.25 mm/r |
| N270 | M08; | 切削液开 |
| N280 | G00 X16.0 Z2.0; | 快速进刀至循环起点 |
| N290 | G71 U1.5 R0.5; | 粗车循环，切削深度 1.5mm，退刀量 0.5mm |
| N300 | G71 P320 Q400 U-0.5 W0.05; | 精车路线为 N70 ~ N400，X 向精车余量 0.5mm，Z 向精车余量 0.05mm |
| N320 | G00 G41 X31.171; | 快速进刀倒角起点 |
| N325 | G01 Z0; | 刀具左补偿，精加工轮廓起点 |
| N330 | X30.017 Z-1.0; | 镗倒角 |
| N340 | Z-17.025; | 镗孔 |
| N350 | X25.5; | 镗内阶台 |
| N360 | X22.25 Z-18.5; | 镗螺纹孔倒角 |
| N370 | Z-41.0; | 镗螺纹底孔 |
| N380 | X16.0; | X 向退刀 |
| N400 | Z2.0 | Z 向退刀 |
| N410 | G00 G40 X200.0; | 取消刀补，快速退刀至换刀点 |
| N420 | M09; | 切削液停 |
| N430 | M05; | 主轴停 |
| N440 | M03 S800 F0.12; | 主轴正转 800r/min，进给量 0.12 mm/r |
| N450 | M08; | 切削液开 |
| N460 | G00 X18.0 Z2.0; | 快速进刀至循环起点 |
| N470 | G70 P320 Q400; | 精车循环 |
| N480 | G00 Z100.0; | |
| N490 | X200.0 | 快速退刀至换刀点 |

续表 6.12

| 程序段号 | 程序内容 | 说　明 |
|---|---|---|
| 程序号：O60202（套的左端加工程序） | | |
| N500 | M09； | 切削液停 |
| N510 | M05； | 主轴停 |
| N520 | T0404； | 换刀 T0404（内螺纹刀） |
| N530 | M03 S400； | 主轴正转 400r/min |
| N540 | G00 X16.0 | 快速进刀至 X 向螺纹循环起点 |
| N545 | Z-12.0； | 快速进刀至 Z 向螺纹循环起点 |
| N550 | G92 X23.05 Z-42.0 F1.5； | 螺纹车削循环第一刀，切削深度 0.8mm，螺距为 1.5mm |
| N560 | X23.65； | 螺纹车削循环第二刀，切削深度为 0.6mm |
| N570 | X24.05； | 螺纹车削循环第三刀，切削深度为 0.4mm |
| N580 | X24.21； | 螺纹车削循环第四刀，切削深度为 0.15mm |
| N590 | X24.21； | 螺纹车削循环第五刀，光一刀 |
| N600 | G00 Z100.0； | 快速退刀至换刀点 |
| N610 | X200.0 | 快速退刀至换刀点 |
| N615 | M30； | 程序结束 |

## 8. 加工操作流程

（1）加工前准备及设备检查；

（2）开机回原点；

（3）安装毛坯和刀具；

（4）对刀；

（5）输入程序；

（6）设定刀具参数、刀尖位置、磨耗值等；

（7）自动运行加工；

（8）检测；

（9）清理设备。

## 9. 评分表

该零件的评分如表 6.13 所示。

表 6.13　评分表

| 班　级 | | | 姓　名 | | 学　号 | | 日　期 | |
|---|---|---|---|---|---|---|---|---|
| 实训课题 | | | | | 零件图号 | | LWT | |
| 基本检查 | 编程 | 序　号 | 检测项目 | | 配　分 | 学生自评分 | 教师评分 | |
| | | 1 | 切削加工工艺制定正确 | | 5 | | | |
| | | 2 | 切削用量选用合理 | | 5 | | | |
| | | 3 | 程序正确、简单明确且规范 | | 5 | | | |
| | 操作 | 4 | 设备的正确操作与维护保养 | | 5 | | | |
| | | 5 | 安全、文明生产 | | 10 | | | |

续表 6.13

| 基本检查结果总计 | | | | | | 30 | | | |
|---|---|---|---|---|---|---|---|---|---|

| | 序号 | 图样尺寸 /mm | 允差 /mm | 量 具 | | 配分 | 实际尺寸 | | 分数 |
|---|---|---|---|---|---|---|---|---|---|
| | | | | 名　称 | 规格 /mm | | 学生自测 | 教师检测 | |
| 尺寸检测 | 件二 | 总长 40 | ± 0.050 | 游标卡尺 | 0 ~ 125 | 5 | | | |
| | | 外圆 42 | 0 −0.062 | | | 10 | | | |
| | | 外圆 $\phi$36 | 0 −0.062 | 千分尺 | 25 ~ 50 | 10 | | | |
| | | 内孔 $\phi$30 | +0.033 0 | 内径千分尺 | 25 ~ 50 | 10 | | | |
| | | 长度 17 | +0.05 0 | 游标卡尺 | 0 ~ 125 | 10 | | | |
| | | M24 × 1.5 | | 螺纹塞规 | | 10 | | | |
| | | 表面粗糙度 | | 粗糙度样规 | | 5 | | | |
| | | 其他长度 | | 游标卡尺 | 0 ~ 125 | 5 | | | |
| | | 倒角、未注倒角 | | | | 5 | | | |
| 尺寸检测结果总计 | | | | | | 70 | | | |

| 基本检查结果 | 尺寸检测结果 | 成　绩 |
|---|---|---|
| | | |

学生签字：　　　　　　　　　　　　指导教师签字：